X-Knowledge

JN081536

猫と暮らす手づくり帖

おもちゃ・キャリー・ケアグッズ

越膳夕香

監修 市ヶ谷動物医療センター
センター長 渦巻浩輔

Introduction

猫を愛するみなさま
猫とのコミュニケーション、うまく図れていますか?
ハンドメイドの猫グッズで
猫と、もっと仲よくなりませんか?

とはいえ、猫もいろいろ、十猫十色。
おもちゃやベッドをせっかく作っても
知らんぷりされてしまうことも、よくあります。
猫ですから、しかたありません。

気長に待ってみたり、素材を変えて作り直したり。
どうせ爪でボロボロにされたりするんですから
気楽に試行錯誤してみましょう。
そのうち猫の好みもわかってくるはず。
気に入ってもらえたときの嬉しさは格別ですよ。

やんちゃな子猫時代を経て、
落ち着いた老猫になるまでの間に
猫の行動パターンや嗜好も変化します。
病気やケガの治療をすることもあるかもしれません。
そんなとき急に必要になるものも
身近な材料を工夫して、手づくりできたら心強いもの。

猫のために心を込めて作ったもので
猫との時間を大切に過ごしてくださいね。

Contents

撮影に協力してくれた「ペンション アトカ」（P.104）の猫たち

サンチュ　　モツ　　ダン
シオ　　ハツ

STAFF　撮影：白井由香里
　　　ブックデザイン：吉井茂活（MOKA STORE）
　　　作り方イラスト：森田佳子
　　　印刷：シナノ印刷

本書の説明

この本では、猫のためのさまざまな手づくりグッズを紹介しています。
一緒に遊べるおもちゃや寝心地のいいベッド、病気やケガのときのケアグッズ ──
手づくりの長所は素材から選んで安全なものを作れること。そして、猫の好みを探りながら試行錯誤できること。これらの作品について、動物病院の先生にアドバイスをしていただきました。

「 作品をチェックしてくれたのは、渦巻先生と愛猫の花火ちゃん 」

実際に全部着て
気になる点は
作り直してもらったよ

ケアグッズは特に
細かいチェックを
行いました。

監修
─
渦巻浩輔
Kosuke Uzumaki
─

動物病院「市ヶ谷動物医療センター」の院長で獣医師。多くの動物に接してきた先生は、暴れん坊の猫でも、すばやく適切に治療。愛猫はキジトラの花火ちゃん。

市ヶ谷動物医療センター
（小滝橋動物病院グループ）

1989年開業で地域のかかりつけ医として頼れる病院。各種予防・健康診断から高度かつ専門的な二次診療まで、幅広く対応できます。
〒162-0063
東京都新宿区市谷薬王寺町61
【診療時間】
午前9時〜12時／午後16時〜19時
年中無休　https://ichigaya-v.com

一緒に遊ぶもの、
身の回りのもの

爪とぎ3タイプ

土台はすべて稲庭うどんの入っていた細長い木箱。
左から、箱の中に細長く切った段ボールをぎっちり詰めたもの、
箱の底側を上にして荷造り用の麻糸をぐるぐる巻きつけたもの、
コーヒー豆運搬用の麻袋を張ったもの。
さて、あなたの猫の好みはどのタイプ？

How to P.61

越 膳　「消耗品なので、傷んだら段ボールは入れ替え
　　　　糸は巻き直しができます」

渦 巻　「猫によって素材や置き方の好みがあるので
　　　　自由に選べるのは手づくりの醍醐味ですね。
　　　　上手く使ってもらうコツは
　　　　普段爪とぎしている場所に縦や横など
　　　　好みの向きで置いてあげることです」

魚、鳥、ねずみのぬいぐるみ

端ぎれを縫って綿を詰めたシンプルなおもちゃ。
誤飲の危険性があるボタンやビーズは使わずに、
目をつけるときは、フレンチナッツステッチで。
猫じゃらし(P.9)の先に下げて遊んでもいいでしょう。
気に入ってくれない場合は、素材を変えてみるといいかも。

How to P.62

越 膳　「本物のねずみを一度も見たことがないはずなのに
　　　　どうして反応するのか、不思議です。
　　　　ウチの子もよく遊んでいました」

渦 巻　「飲み込んじゃう事故は多いので
　　　　かじったときにパーツが取れにくいのが大事です。
　　　　ボタンやビーズを使わないのも
　　　　手づくりだからできる工夫ですね」

けりぐるみ

手ぬぐいで作ったけりぐるみは
前足で爪を立ててつかみ、後ろ足でキックしたり、
歯を立ててくわえたり、猫パンチしたりと
猫がひとりで遊ぶためのストレス発散ツール。
好きな子には、またたびを仕込んでも。
遊び飽きたら枕にして昼寝することでしょう。

How to P.63

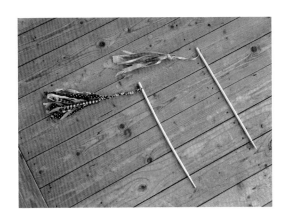

猫じゃらし

裂き布や、リボン、紐などを束ねて作る猫じゃらし。
木製の菜箸の紐を外して、その穴を利用してぶら下げています。
誤飲を防ぐために、束ねて結ぶだけじゃなく
中央をきちんと縫いとめて。鈴をつける場合も
取れないようにしっかり縫いつけましょう。

How to P.64

Talk with ...

越 膳　「食いついて裂き布やリボンが抜けないように
　　　　はたきを作るときとは違ってしっかり縫いとめました。
　　　　猫によって好みがあると思いますが、この子にはとっても好評でした」

渦 巻　「靴紐とか長い紐状のものが好きですが、誤食して消化管に詰まると
　　　　頻回に吐く症状が出てしまい、たいへんな手術になってしまいます。
　　　　安全面だけではなく、遊んだら片付けるようにしてメリハリをつけると
　　　　猫もおもちゃに飽きなかったりします」

もっと！

羊毛フェルトのガラガラボール

ガラガラ用の鈴を芯にして羊毛フェルトで包み
縮絨させて作るボールのおもちゃ。
ウール100%なので、舐めたりかじったりして
少々繊維を摂取したとしても
毛づくろいと同様に排出されるので安心です。
猫の毛皮の色柄に合わせて作ってあげては？

How to P.64

縞柄猫には縞模様のボールでお揃いに。

ハチワレ猫には模様の一部を模したようなボールを。

ソックリ

Talk with ...

越 膳　「羊毛フェルトは100円ショップでも
　　　　手に入りますし、手軽に作れます。
　　　　猫の抜け毛で作ることもできるので
　　　　ウチの子の毛で作ってみたこともありますが
　　　　特別な反応はありませんでした（笑）」

渦 巻　「ボールは小さすぎると飲み込んでしまう
　　　　危険性がありますが
　　　　このくらいの大きさがあれば大丈夫です。
　　　　ウチの子も昔ボールが好きでしたが
　　　　なくしたので新しく買ったら、これじゃない、
　　　　みたいなことがありました（笑）」

猫とおしゃれ「首輪と名札」

手づくりがはじめてなら、まず首輪はいかが？
布だと軽くて気にならない子も多いようです。

▶外に出かける習慣のある猫には、万が一のときに備えて必ず猫の名前と、飼い主の電話番号を書いた迷子札をつけましょう。迷子札にナスカンをつけておけば、ワンタッチで首輪に着脱可能です。

How to P.61

まっすぐ縫ってゴムを通すだけでできる
シュシュタイプの首輪は、薄手の滑らかな布で。
硬い素材のベルトタイプの首輪に比べると
飼い主もつけやすいし、猫の抵抗も少なそう。
気に入ってもらえなかった場合は、人間が髪を結ぶのに使えます。

How to P.60

◀リボンやテープを使って首輪を作るときは、どこかに引っかかっても外れる安全バックルを使いましょう。調整カンも使えばサイズ調整も簡単にできますし、鈴をつけたり迷子札をつけたりとアレンジも自在です。

How to P.60

2

居心地のいい場所を
つくるもの

ダストスタンドのハンモック

複数の袋がかけられる市販の分別タイプのダスト(ごみ袋)スタンドなら
猫がゆったり丸くなれる座面のスペースが確保できます。
スタンドの両足をつなぐテープの長さを変えることで
好みの高さに調整することも可能。
足腰の弱った高齢猫には、低めにしてあげましょう。

How to P.65

Talk with ...

越 膳　「子猫時代は冷蔵庫に上ったりしていたウチの子も
　　　　高齢になると上り下りがつらそうでした。
　　　　ベッドやソファーの足を外して低くした経験から
　　　　高さを調整できるようにしました」

渦 巻　「9、10才を超えると
　　　　段々と関節が弱くなってきますが
　　　　これくらいの高さなら
　　　　さらに高齢になっても問題ないと思います」

サークルハンモック

ホームセンターなどで購入できるプランタースタンドの
フレームに丈夫なテープを渡してしっかり縫いとめ
丸い座布団を載せるだけでできるハンモック。
猫の体格に合ったサイズのスタンドを選んで作りましょう。
もし気に入ってもらえなかった場合は
ベランダの植木鉢に譲ってください。

How to P.65

セーターリメイクのベッド

着古したセーターに綿を詰めて作るベッドは
多くの猫に支持される人気アイテム。
丸まると全身がすっぽり収まるサイズや形も
あごやしっぽを載せるのにちょうどいい縁の高さも
猫の好みに合うようです。
飼い主の匂いが染みついた古いセーターを使うのが重要なポイント。

How to P.56

越　膳　「穴があけられたカシミヤのセーターを使って作ったのをウチの子も愛用していました。
　　　　新品のウールのセーターで作ると、カシミヤとの違いに気づいたのかイマイチの反応でした（笑）」

渦　巻　「飼い主の匂いがついているのも安心だと思います。
　　　　また、新しく猫を迎えるときの、お互いの匂い交換の手段のひとつとして活用するとよいでしょう」

暑がりな長毛猫は枕として活用！

眠くなってきた。
ふわああ…

→

いつの間にかス
ヤスヤ… つい
うたた寝しちゃ
う心地よさです。

夏素材と冬素材のリバーシブルベッド

片面はウール、もう片面はリネンを使ったスクエアベッドは
季節が変われば、ひっくり返して1年中使えます。
肉球で触れる素材感にうるさい猫にも満足してもらえるはず。
洗濯するとき平らに広げて早く乾かせるよう、脇はとじずに紐で結ぶ仕様にしています。

How to P.66

上作品／ひっくり返すだけ
で、冬はウール地に。

Talk with ...

越 膳 「ウチの子は夏はリネン派だったので
一年中使えるようにリバーシブルにしました」

渦 巻 「ウチはクッションを愛用しています。
洗いやすいのはいいですね。
せっかくの手づくりなのに、汚れたからと捨てるのはもったいないし」

右作品／ミシンが苦手な人
は既成の座布団でトライを。

座布団リメイクのベッド

100円ショップでも買える座布団を5枚縫いつないで作る簡単ベッド。
可能であればミシンで縫ってもいいし、長めの針でざくざく手縫いしても。
紐がついている場合は、つけ位置を移動して活用します。
底以外の4枚はこつ折りにするので
小さめで薄手の座布団を選ぶと作りやすいでしょう。

<u>How to</u> p.67

ティピーテント

適当な長さの棒さえあれば、手軽にできるティピーテント。
好きな布を縫って作ってもいいし
ウエストゴムのスカートや、ストールなどを利用しても。
部屋に置くと存在感のあるアイテムなので
この中で寛ぐ猫の姿を眺める飼い主が嬉しくなるような布づかいで。

How to P.68

Talk with ...

越 膳　「インド綿を縫って自分で作ったのに
　　　　ぜんぜん履かなくて箪笥の肥やしになっていた
　　　　ギャザースカートの脇をほどいてかぶせています」

渦 巻　「布で覆っていると可愛いし隠れられていいですね。
　　　　特に多頭飼いの場合、ひとりになれる場所を
　　　　つくってあげるのって大事です」

落ち着くニャ

まるで猫ホイホイ！？ 見るとついつい入ってしまう！

トンネル

円筒形のものを置いておくと、たいていの猫は頭からダイブするはず。
園芸用のリングつき支柱を布で包んだ手づくりトンネルは、
中でどんなに暴れても潰れません。
帆布などしっかりした布を使うのがおすすめ。

<u>How to P.69</u>

支柱は100円ショップ
で入手できます。

Talk with ...

越 膳　「入口に鈴やおもちゃをぶら下げても
　　　　いいと思います」

渦 巻　「猫じゃらしとかで反対側から誘ったりすれば
　　　　猫が突っ込んだりして、一緒に遊べますね」

ハンガーとTシャツのテント

ワイヤーハンガーを伸ばして作ったフレームにTシャツをかぶせただけの簡単テント。
土台は円形にカットした段ボールです。
伸縮具合や衿ぐりの形によって感じが変わるのでTシャツ選びは試行錯誤してみましょう。
半袖なら袖口から手を出して遊べるし、冬ならセーターをかぶせても。

How to P.67

ハンガーは手で曲
げて加工できる針
金タイプを使用。
100円ショップで
手に入ります。

越 膳 「この子、中に一度入ると出てこなくなりました（笑）。縫わないから誰でも簡単に作れます」

渦 巻 「気に入ってくれると嬉しいですね。入口が小さくて外から見えにくい。

これは猫にとってくつろげるポイントです」

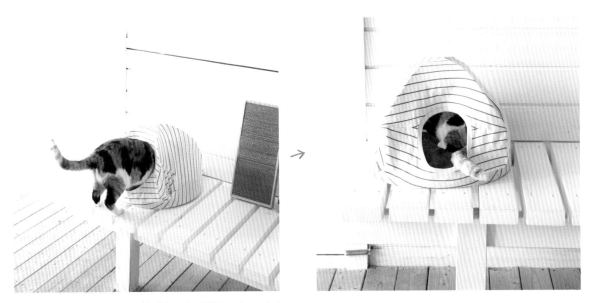

まずは頭からもぞもぞ… しっぽを残してすっぽり入っちゃいます。

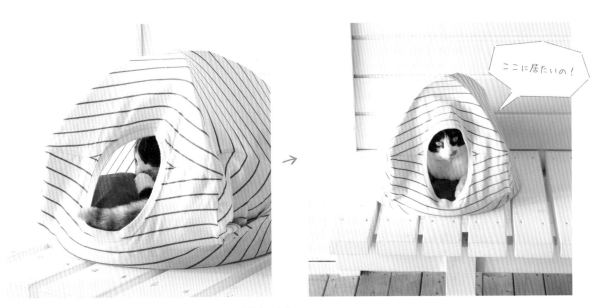

ここに居たいの！

中にはふかふかのクッション！ すっかりおこもりモードを満喫のよう。

23

ごはんを食べるスペースは、毎日何度も訪れる、猫にとって大切な場所。
お水やごはんの器の下に敷くランチョンマットをラミネートで作れば、
ちょっとくらいこぼしても平気です。
トレーなどを使っているなら、そのサイズに合わせて作りましょう。
猫の毛色やお家のインテリアに合わせるのもいいですね。

How to P.70

猫と居場所「マット、ブランケット＆枕」

手づくりの品はささやかでも、それだけで特別なもの。
簡単にできるもので猫の日常を少しだけ楽しく快適に。

▲ P.16のベッドやハンモックなどと一緒にあるといいのが、ブランケットや枕です。ベッドはたいへんという人も、これなら簡単に作れます。素材は軽くて暖かく肌触りのいいウールなどがおすすめ。お古のマフラーやストールなどを利用してもいいでしょう。

How to P.70

ケアが必要なときに あったらいいもの

フェルトのリバーシブルエリザベスカラー

簡単に作れて、猫にも家具にも優しいフェルトのエリザベスカラー。
2色のフェルトシートの間に両面接着芯をはさみ
アイロンで貼り合わせることで、ほどよい厚みになるうえ
両面とも使えるので、気分もちょっと変えられます。
似合う色を選んで作ってあげましょう。

How to P.71

越 膳 「猫もそうですが、飼い主も家具に
　　　ぶつかって音がするのが嫌だなと思って
　　　フェルトやビニール素材にしました」

渦 巻 「猫にとっては首への違和感と
　　　周りが見えなくなるのが嫌な点ですね。
　　　ビニールは、猫によっては
　　　気になる子がいるかもしれませんが
　　　視界を遮らないようにしたいという工夫がいいです」

ぷちぷちエリザベスカラー

二重にしたエアパッキンの縁をバイアステープでくるみ
面ファスナーをつけただけの即席エリザベス。
透明で軽く柔らかい素材のため、圧迫感が少なく
手軽に作れるので緊急時にもおすすめです。
バイアステープでくるむのすら面倒なら
マスキングテープなどでも。

How to P.71

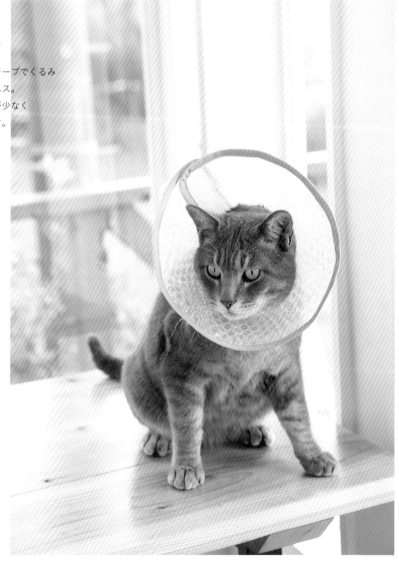

ふかふかエリザベスカラー

中に綿を詰めたふかふかタイプのエリザベスは
そのまま枕にしてお昼寝することもできます。
装着するとき飼い主が慌てなくて済むように
紐やストッパーを目立つ色にしておくといいでしょう。
シンプルなドーナツ形と、ラブリーなフラワー形、
似合うのはどっち？

How to P.72

Talk with ...

越 膳　「硬いエリザベスが苦手な子のために作りました」

渦 巻　「脱げないように締められるのは大事。
　　　　締めるときは、指が1〜2本入るくらいが目安です。
　　　　このタイプは、治療箇所が手や足先など
　　　　顔から遠い場合は舌が届くから注意です。
　　　　体が柔らかいので
　　　　すごくがんばって舐めます（笑）」

越 膳　「高齢猫や胸毛が汚れがちな
　　　　長毛猫のごはんタイムに」

渦 巻　「かわいいし簡単なのがいいですね。
　　　　強制給餌の時、口からこぼれたりするから
　　　　こういうのがあるといいと思います」

バックルを直接
つけてバンダナ
のように。

タオルハンカチのスタイ／上作品

100円ショップのミニサイズのハンドタオルの角を折って縫い
安全バックルつきの首輪を通すだけで
簡単スタイのできあがり。
カラフルなタオルで作って、おやつタイムを楽しく。
汚れたら首輪を外して洗濯しましょう。
お腹を壊しやすい子なら、両脇に紐をつけて腹かけにしても。

How to P.73

ラミネートの丸いスタイ／下作品

丸い形がかわいいスタイは
安全バックルを直接つけて、着脱をスムーズに。
カチッとはめると「ごはんだよ」の合図にもなります。
表地をラミネートで作れば
食べこぼしてもすぐに拭き取れるので
強制給餌で流動食をあげる場合などにもおすすめです。

How to P.74

ハンカチで作るポケットつきスタイ

液状のおやつなどをあげるとき
きれいに食べられず、胸元を汚しがちな子に。
大判のハンカチをたたんで縫うだけでできる立体ポケット部分が
食べこぼしたごはんやおやつをキャッチしてくれます。
食べ終わったら後ろに回しておけば、おしゃれスカーフに。

How to P.74

猫とケア「マスク」

猫と一緒に暮らす上で必要なお手入れタイム。
苦手な人も多い爪切りも、手づくりアイテムで攻略してみましょう。

爪切りを嫌がって暴れる子に。
目隠しをすると落ち着くことも多いので、耳掃除したり、
薬を塗ったり、注射するときにも役に立つかも。
すべての猫がこれで大人しくなるかはわかりませんが
フェルトと面ファスナーで簡単に作れるので
苦労している場合には、一度お試しを。

How to P.75

How to P.75

爪切りマスクに慣れてくれたら、同じ型紙で目薬用のマスクを。
慣れないうちは、タイミングを見計らって目薬をさすのは
至難の業ではありますが、少なくとも噛まれる心配はなくなるはず。
でも引っかかれる恐れはあるので
まず、爪を切ってからトライしましょう。
保定ベッド（P.42）も一緒に使うといいかも。

How to P.75

How to P.75

4

通院を楽しくするもの

警戒…！

越 膳　「ウチの子のために作った通院バッグ（P.53）を改良して作りました。
　　　　丈夫でしっかりしたものを作りたい人におすすめです」

渦 巻　「窓から様子がわかるから
　　　　うっかり開けて逃がしてしまうなんてことが防げますね。
　　　　子猫を飼い始めるときに小さいケージを
　　　　購入することが多いけど、すぐ大きくなる。
　　　　自分で作れるといいですね」

肩紐をつけ
られるタブ

両脇にネット
の窓

小物をしまえる
ポケット

ネット窓つき帆布バッグ

防水帆布1枚仕立てでファスナー開きのシンプルな四角いバッグですが
両脇に手芸用ネットをはめ込んだ窓つき、というところが猫仕様。
毛布やタオルなども一緒に入れられるたっぷりサイズです。
内底のポケットに夏なら保冷剤、冬ならカイロを入れて通院の道中を快適に。

How to P.76

ポケットつきの内底は、底板をラミネー
トでくるんで仕立てました。水分をはじ
くから、お漏らししても掃除が楽です。

外が見えて
いいニャ

はじめは恐る恐る… 入ってみると外が見えて落ち着くよう。

くつろいだ様子に、ほかの猫もひと安心。

首輪つきスリング

病院の待合室で過ごす時間に役立つのが、スリング。
お互いの体温を感じて、猫も飼い主も落ち着くことができるのです。
飛び出したりしないように、ベルトでつないでおくとさらに安心。
スリングで包んでからキャリーバッグに入れて連れて行けば
そのまま診察台に載せることもできて便利です。

<u>How to P.78</u>

Talk with ...

越　膳　「赤ちゃん用抱っこひもの猫バージョンです。
　　　　病院の待合室で外国のかたが、小型犬をこうして軽やかに連れて来ていたのを見かけました。
　　　　それでさっそく自分も作って待合室にいたら話しかけられたりして
　　　　飼い主さん同士のコミュニケーションにもつながるかもと思いました」

渦　巻　「猫の場合、犬に比べてちょっとした物音でもすぐに反応して脱走することが多いので
　　　　首輪でつないでおけると安心です。
　　　　ネットのほうは、爪切りのときにも使えそうですね」

洗濯ネットバッグ

暴れる子をなだめて捕獲するのに
洗濯ネットを使うのは
昔からある常套手段のようです。
二つ折りした手ぬぐいを肩紐にして
ネットの縁にしっかり縫いつければ
斜めがけできるバッグに。
病院が近所だったり、車で通院するなら
このまま連れて行けそうです。

How to P.79

サークルベッドになるリバーシブルバッグ

側面を内側に三つ折りすればサークルベッドに
伸ばせば持ち手が現れてトートバッグに早変わり。
さらに袋口両脇の紐をきゅっと絞れば、巾着に。
丸くなって眠っているところを素早くバッグに変身させれば
通院の日にも抵抗されずスムーズに連れ出せるはず。
柄違いの両面とも使えます。

How to P.80

気になる…

ふかふかクッションでスヤスヤ…

Talk with …

越 膳 「キャリーを出したとたんに
　　　緊張しちゃう子は、このタイプで。
　　　普段からベッドで使っていれば慣れるかなと。
　　　ダメな場合はただのベッドとして使えます（笑）」

渦 巻 「連れて来る道中もバッグの中で
　　　リラックスできるんだったらいいですね。
　　　病院に連れて来るだけでも
　　　たいへんというかたは多いです（笑）」

あれれ？

夢うつつの間にバッグに。

両脇の紐を絞ればOK！

１日14～15時間
寝てるの

通院や在宅治療を助けるグッズ

通院が定期的になったり、先生の指示に従って
自宅で投薬や注射をする必要が出てくるかもしれません。
そんなときにあったら便利なグッズを考えました。

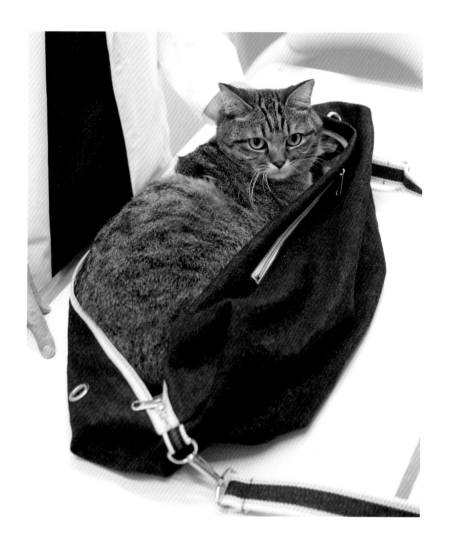

診察にあたっては
愛猫の年齢や猫種といった
基本情報以外に
次の点を伝えましょう。

❀ いつごろからの症状（ケガ）か？
❀ 普段と異なる行動はあるか？
❀ 食事と水の量や回数
❀ 排泄の量や状態、回数
❀ これまでの病歴

ベルトつきデニムバッグ

ナスカンやDカンなどの金具類を駆使して
脱走防止のオプションパーツを加えたキャリーバッグ。
自宅から病院の待合室、診察台の上、そしてまた自宅へと
スムーズに運搬できて、保定袋の役割も果たすようにしました。
ファスナーは樹脂製を使うことで、とても軽い仕上がりになります。

How to P.82

ベルトは長過ぎると動き回れるので
実際につけてみて調整すると
いいですね。by 渦巻

首輪つきベルト／
胴体用ベルト

２本のベルトで、脱走や素早い
動きに「待った！」をかけます。
完全に固定はできないけれど、
ある程度は押さえられるので、
急な動きに対応できます。

サイドファスナー

両サイドのファスナー口から猫
の様子を確認したり、手を入れ
て撫でてあげることができます。
おとなしくしてくれたら、その
まま注射や点滴も可能。

空気穴

息苦しくないように前後にハト
メで４つの空気穴を作りました。
のぞき窓も兼ねています。

保定袋とは…

治療しやすくするために、猫の動きを制限するための袋。猫を保定するなんてかわいそうな気がしますが、人間がケガをしないようにガードしながらきちんと治療するために必要な場合もあります。

帆布で作る保定袋

自宅で注射や点滴をすることになった場合に
おとなしくじっとしていてくれない猫には、保定袋を作りましょう。
暴れん坊の度合いに応じて、身動きしにくいようにもっと細くするとか、
お腹を縛る紐をプラスしても。
保定ベッド(P.42)とセットで使うのがおすすめです。

How to P.84

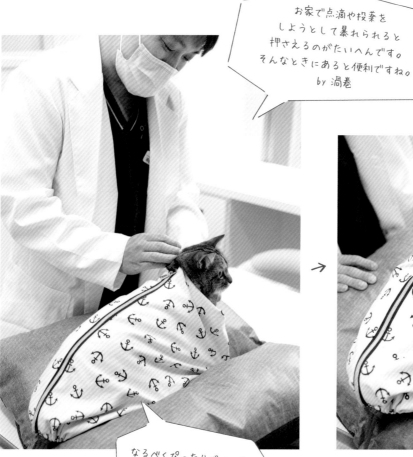

お家で点滴や投薬を
しようとして暴れられると
押さえるのがたいへんです。
そんなときにあると便利ですね。
by 渦巻

なるべくぴったりがいいから
猫のサイズを
測ってから作ってね。

パーカーリメイクの保定袋

緊急の場合や、お裁縫が得意ではない人は
ごく普通のパーカーの袖を中に入れ
肩と裾だけとじればできるインスタント保定袋を。
両袖を結べば、太くて安定感のある固定ベルトに早変わり。
どこも切らないので、縫い目をほどけば再びパーカーに戻せます。

How to P.57

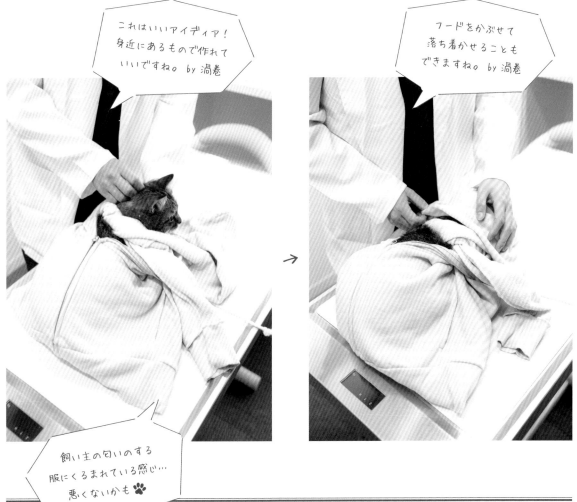

これはいいアイディア！
身近にあるもので作れて
いいですね。by 渦巻

フードをかぶせて
落ち着かせることも
できますね。by 渦巻

飼い主の匂いのする
服にくるまれている感じ…
悪くないかも🐾

中央が凹んだ保定ベッドは
暴れる猫の体を安定させるためのもの。
注射や点滴、爪切りのときなどに。
片面はラミネートなので、軽い汚れなら拭くだけで済みますし
もちろん丸洗いも可能。投薬用には、嫌がって吐き出した
錠剤を見失わない濃色無地の生地がおすすめ。

How to P.75

猫と治療「保定ベッド」

お家での投薬や点滴が必要になったとき
あると便利なアイテム。
クッションの要領で作れます。

フカフカ!

凹みに体がフィットします。しっかり綿を詰めて固めに仕上げましょう。

Chapter

5

手術後や介護のときに着せるもの

43

シンプル術後服

頭からかぶせ、前足を出して着せるタイプの術後服は
Tシャツ素材など伸縮性のある布で作りましょう。
おむつカバー(P.45)とお揃いの布で作れば、おしゃれなセットアップに。
締めつけすぎないよう、襟ぐりや袖ぐりには極細のゴムを入れてあります。
着丈などのサイズは、猫の体型に合わせて調整を。

How to P.86

エリザベスが苦手な子は
服を着せてね

越 膳 「おむつカバーは、友人の猫がおむつを嫌がって
　　　 脱いじゃうというのを聞いて作ってあげたことがありました。
　　　 サイズは、猫の腹囲などを測って調整してください」

渦 巻 「エリザベスカラーと違って、視界が妨げられないし
　　　 動きも制限されないのが術後服のよい点です。
　　　 手術箇所を舐めないように保護することと
　　　 脱げにくいことが大事。おむつカバーは脱げやすいから
　　　 サスペンダーがあると安心ですね」

パンツタイプのおむつカバー
（サスペンダーつき）

伸縮性のある布で作りたいパンツタイプのおむつカバーは
着古したTシャツなどを活用しても。履かせるときは
まず両脚、続いてしっぽを素早く穴に通してから引き上げます。
ゴムの長さは猫のサイズに合わせて調整し、脱げてしまう場合は
サスペンダーを組み合わせれば安心です。

How to P.88

P.45のサスペンダーは幅広の平ゴムに調節用のエイトカンを通し
端にフィッシュクリップをつけて作ります。
背中はクロスさせ、前は1本で吊ることで脱げにくくなります。
これを人用の腹巻と組み合わせれば
傷跡を舐めるのを防ぐ簡易術後服にもなります。

100円ショップで購
入した腹巻にサスペ
ンダーをつけるだけ。
お腹を壊したときの
冷え対策にも。

まわしタイプのおむつカバー

手ぬぐい1本を切り分けて縫ったおむつカバーは
たっぷり重ねて面ファスナーでとめる仕組みなので
脱げにくく、お腹周りが立派な子でも大丈夫。
面ファスナーは、硬いほうを下前に
柔らかいほうを上前にすると、毛が絡みにくいようです。
足周りのゴムの長さや、しっぽ穴の直径は
猫のサイズに合わせて調節しましょう。

How to P.85

Talk with ...

越 膳 「渦巻先生からのリクエストで作りました。
　　　　ポケットから胃ろうのチューブを必要なときに取り出し、終わったら丸めて収納します。
　　　　同じように鼻カテ用もポケットをつけました」

渦 巻 「あまり売っていないので、リクエストしました。
　　　　胃ろうに限らず、給餌補助の治療に対しては辛いイメージを持ってしまいがちです。
　　　　だから療養グッズは見た目にもかわいくしてあげたいですね」

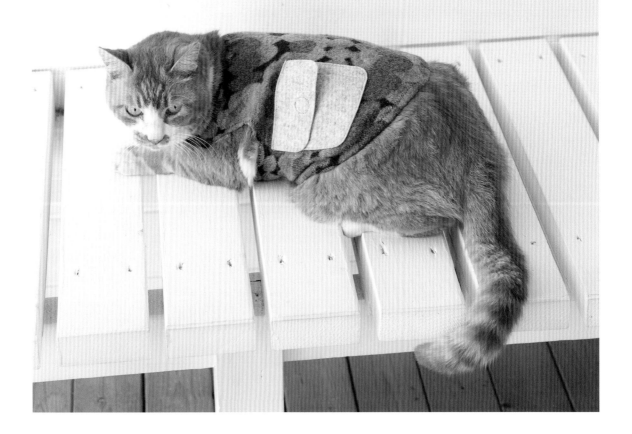

胃ろうチューブ収納ポケットつき術後服

自力でごはんを食べるのが難しくなって
胃ろうチューブをつけることになった猫には
チューブ格納用ポケットつきの服を作ってあげましょう。
ポケットもフラップも、フェルトで作れば簡単。
チューブの穴の出口にもドーナツ状のフェルトをつけます。
ポケットの重みが加わるので、Tシャツよりはしっかりした素材で。

How to P.86

経鼻カテーテル収納ポケット
つき首輪

鼻からチューブで栄養を
注入することになった場合は首輪にひと工夫。
シュシュタイプの首輪 (P.12) の応用で、
両側にゴムを通し、継ぎ目にカテーテルの
給餌用キャップ収納用のポケットをつけました。
ポケットは別布で見つけやすくしました。

How to P.90

経鼻カテーテル収納ポケット
つきエリザベス

上と同じく給餌用キャップを格納できる
ポケットつきのエリザベス。
フェルトのエリザベス (P.25) と同様の作り方ですが
鼻をガードすればよいので、長さは2/3です。
どうしても嫌がって外そうとする猫には、
硬い素材のエリザベスが必要になります。

How to P.91

49

古着リメイクで作る術後服

急なケガや病気で術後服が必要になった場合
家にあるもので時間をかけずに作れると便利です。
手近な古着をリメイクしてできる術後服を考案しました。

術後服を作る上で
押さえておきたい
ポイントは次の通りです。

❀ 傷口を保護でき、脱げにくい
❀ 伸縮性があり動きやすい
❀ 着たままトイレに行ける

タンクトップリメイクの術後服

家にあるもので簡単に作れないかと試行錯誤を重ね、
着古した自分のタンクトップを使って作りました。
古着リメイクのよいところは
失敗してもあまり落ち込まなくてすむ点。
クローゼットの整理をしながら気軽にチャレンジしてみてください。
肩ひも部分が足を通すループになるので
つけ位置は猫のサイズを測って調整しましょう。
大きな猫なら、男性用タンクトップでもよいと思います。

How to P.58

足のたもも(大腿骨)も
ちゃんと出ているので
動作にも問題ないですね。
by 渦巻

首元はゴムが入っているから
脱げずにフィットするよ。
🐾

Talk with …

越膳×渦巻先生の猫談義

健やかなるときも
病めるときも

市ヶ谷動物医療センターの渦巻先生（右）と。
接点となったのは愛猫ミケコでした。

渦巻先生は、愛猫ミケコの主治医だった

越膳（以下：越）2014年春の引っ越しを機に、近所でミケコの病院を探さなければと思いつつも、もともとあんまり病気をしない子だったから、もう自然にまかせて天寿を全うさせようかな、なんて思っていました。とはいえやっぱり気になって、16歳の誕生日の頃に、こちらで猫ドックを受けたのですが、そのときも特に問題なく。ところが2019年2月のある日、尋常じゃない量のおしっこをして水もたくさん飲むようになって、これはおかしいと思ってひさしぶりに病院へ連れて行きました。

渦巻先生（以下：渦）10日間くらい入院しましたよね。重度の糖尿病で飢餓状態でした。もう少し遅かったら危なかったかも」

越 間一髪でした。おしっこの量が増えている気はしていたんですが、年をとれば腎臓が弱ってくるからしょうがないんだろうなと呑気に考えていたら、まさかの糖尿病でびっくりしました。

渦 人間も猫も同じですが、糖尿病は、食事から摂取した血中の糖を栄養として循環させるためのインスリンが機能しなくなる病気です。体が糖を栄養として使えないから、ものすごい飢餓状態になっちゃう。だから入院して治療し、体の恒常性を取り戻していくのですが、その先は飼い主さんが自宅でインスリンを打つことになるので、在宅治療の方針を決めなければいけないんです。

越 それがなかなか定まらなくて。入院が長引いてストレスが溜まっているからそろそろお家に帰してあげたいんだけど… と先生はおっしゃってくれたけれど、まだおしっこの量が多いとか数値が安定しないとか、なんだかんだで10日間。

渦 インスリンの量を間違えると血糖値が下がりすぎて命の危険もあるため、正しい量を見極める必要があるのですが、これが微妙。猫用のインスリン製剤だと血糖値のコントロールが難しくて、人間用に変更したらコントロールがすぐについたという経緯がありました。

越 晴れて退院できたあとは、自宅で毎日、朝晩2回のインスリン注射をすることになりました。退院前に、病院の保定ベッドの上で先生に注射の仕方を教えてもらいました。バリカンでちょっと毛

を刈って、はい、ここつまんで、斜めに針刺して、と。今日から私、いきなりナースですか！？（笑）と、最初は戸惑いました。やがて点滴も定期的にしなきゃいけなくって。

渦 点滴は、腎臓がすごく悪くなっちゃったから必要になったんですね。腎臓には体の血液をろ過する役割があって、老廃物は外に出したいけれど、水分はなるべく出したくない。それがうまく機能しなくなると、水分はどんどん出て行くのに老廃物は出て行かず体に溜まっちゃう。それで脱水症状を起こしてしまうんです。人間も同じですけれど、腎臓病も糖尿病も共にとても脱水を起こしやすい病気なので。

越 点滴の方法もまた先生に教わり、なるべく短時間で流せるように、あると便利と聞いた加圧バッグも買って、S字フックで吊り下げ、部屋の片隅に定位置を作りました。インスリンの針は細かったけど点滴の針は太くて、首の後ろをつまんでブスッと皮下に刺すのが最初は怖くて… すぐに慣れましたが、たまに出血して慌てたこともありました。輸液を流す間は、針を刺したまま何分間か保持しなきゃいけない。ミケコはおとなしくしてくれたから苦労しなかったけれど、暴れる子だったら大変でしょうね。

渦 自宅では無理で、毎回病院に連れてくる子もいますよ。

越 毎日、何時にインスリンを何ml、点滴を何ml、何の薬を飲ませたか、おしっこやうんちの量、摂取した水やごはんの量、どんな様子かを「ミケコレポート」として日誌のように記録しておいて、受診日に持って行って提出していました。

渦 「ミケコレポート」は役に立ちましたね。

定期的な通院と、在宅治療の日々

越 症状が安定しているときは2週間に一度くらいの通院で、検査結果を見ながら「大丈夫ですね、このまま続けていきましょう」と言われてほっとしながら帰るけれど、そのうち、数値がよくなくて詳しい検査をするために半日入院、なんてことも起きてくる。朝預けてから夕方のお迎えまでの、不安でいたたまれない時間に通院グッズを作ったりしていました。使い古しのバスケットに、手

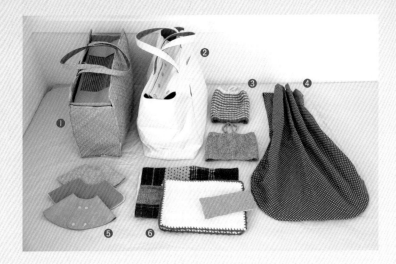

本書の作品のもとにもなった
ミケコの通院のためなどに作ったグッズ

❶ シーグラスのバスケット。ネットの窓
をはめた段ボールのふたつき。

❷ 帆布のキャリーバッグは、ジャンパー
ドットで開閉する仕組み。

❸ 毛糸で編んだ紐つき腹巻き。昔手術を
したときに作ったもの。

❹ スリングは、病院の待合室で過ごす時
間に役立った。

❺ 革やフェルトなどいろいろな素材で試
してみたエリザベスカラー。

❻ ウールのパッチワークの掛け布団、ブ
ランケット、枕。ずっと愛用していた。

芸用のネットで窓をはめ込んだ段ボールの蓋をかぶせ、夏の猛暑
の期間は、これで通っていました（上の写真❶）。それを応用し
たのがP.32のネット窓つき帆布バッグです。

渦　段ボールの蓋をつけたバッグ、覚えています。

越　やはり、朝預けて夕方のお迎えの時間までに仕上げようと時計を
睨みながら、帆布のキャリーバッグ（上の写真❷）を作り、でき
たてほやほやのバッグで迎えに行ったこともありました。待合室
で過ごす時間のためにスリング（上の写真❹）を作ったり、通院
を少しでも楽しくしようと必死でした。やがて、低血糖の発作が
起きたときのためにと渡されていたブドウ糖のアンプルを使うと
きがやってきました。

渦　神経症状が出てきましたね。口も上手に動かせなくなって、ご飯
も飲み込みができなくなっていました。瞬きの反射も弱くなって
いました。

越　目も見えなくなっていたし、もしかすると脳腫瘍かもしれない、
でもMRIで詳しく調べて確定診断がついたとしても、この高齢で
手術するのは現実的じゃないと言われて、考えたくはなかったけ
れど、そろそろ覚悟をしなければいけないんだなと感じました。
このとき、すでに19歳でしたからね。

渦　猫も長生きになったから、人間と同じように、がんや腎臓、心臓、
甲状腺など、いろいろな病気にかかるようになりました。いまは
20歳の子も普通に通院してきますからね。

越　昔に比べると療法食も、13歳から、15歳から、と細かく分かれ
ているし、サプリメントなどもいろいろあって、選択肢が多い分、
飼い主としては何をどう選んだらいいか迷いますね。

渦　定期健診とかに来ていただくことで、その子に合った食餌などを
提案したり、その他にもいろいろな相談に乗ったりすることはで
きます。

🐾 猫と飼い主、病院とどう付き合っていったらいい？

越　猫ブームといわれますが、猫の患者の割合は増えていますか？

渦　犬と同じくらいに増えましたね。

越　治療を拒否する子もいますか？ たまに待合室で凄まじい絶叫が
聞こえてきたりすることもありましたけれど（笑）。

渦　嫌がっているのに、この検査をするのはこの子のメリットになる
のかな？ と考えることもあります。検査をしないと命に関わる
ような場合は嫌がっていてもしたほうがいいこともありますが、
そうじゃない場合は諦めることもあります。常に飼い主さんと相
談して妥協点を探します。

越　飼い主の心得として、病院でものすごく暴れる子だったら、どう
したらいいですか？

渦　連れて来ることすらできない子もいますから、病院まで来られた
だけで、飼い主さんはよくがんばったと思います（笑）。暴れる子
にはタオルを駆使したり、エリザベスカラーをつけたり… そう
すると観念する子も多い。どうしても暴れて嫌がる子は、鎮静剤
を使うこともあります。でも、そこまでして検査、治療してあげ
たほうがよいかは飼い主さんとの相談です。なるべく、猫にも飼
い主さんにも負担のかからない方法を心がけています。

越　そういう場面では、飼い主はどうしているべきですか？

渦　一緒にいたいという人もいますし、見ていたくないという人もい
ます。飼い主さんが一緒にいたほうが落ち着いておとなしくなる
子もいます。ミケコちゃんもそうでしたね。

越　普段からすごくおしゃべりな猫だったので、病院の診察台の上で
も、口ではぎゃあぎゃあ文句を言ってましたけどね。

渦　でもぜんぜん暴れない子でしたね。暴れる子は、爪と歯が出ます
から。脱走しようと走り回ったり。そういうときは落ち着くまで
待ちます（笑）。

❶シンガポールからやってきたミケコ。母猫との折り合いが悪く自傷行為でボロボロだったのが、すぐにふさふさの美しい毛皮に変身した。❷セーターリメイクのベッド（P.16）もずっと愛用していた。❸猫雑誌の表紙を飾ったり、手芸雑誌で連載を持っていたことも。❹アトリエにある小さな仏壇。骨壷袋は、毛並みの感触を思い出すようなファー素材で。お揃いの生地で作った豆がまぐちの中には、小さな尻尾の骨を入れてお守りに。

越　やはり、病気になってから初めて病院に行くのではなく、定期健診や猫ドックなどで慣らしておくのがいいのでしょうか？

渦　子猫ならそのほうが先々のメリットが大きいと思います。でも、保護猫を迎える場合など成猫になってから一緒に暮らす場合もありますからね。1回目はおとなしかったのに2回目は覚えてしまって警戒する子もいます。人間と同じで病院が苦手な子もいますからね。ウチの花火も献血などのため定期的に病院に連れてきますが、一向に慣れてくれません（笑）。

越　花火ちゃんでも嫌がるのなら、しょうがないですね。

渦　10才を過ぎたら、年に一度の健康診断をおすすめしています。そこで、病院ってそんなにひどい目に遭うわけじゃないんだな、と感じてくれたらいいですね。でも、暴れてもそれくらい元気ならよかった、と思うこともあります。

越　ほんとうに具合が悪いと抵抗する元気もないですものね。

渦　そうですね。最初元気がなかった子が治療して元気になってくると、嫌がって鳴くようになります。そうすると、飼い主さんが「アンタそんな風に鳴けるようになったのね」って喜んでくれたり。騒ぐのも元気になった証拠なので嬉しいですよね。

🐾 胃ろう用の服は、渦巻先生からのリクエスト

越　ミケコがごはんを食べられなくなってきたとき、胃ろうにするか経鼻カテーテルか、という話になりました。胃ろうは不可逆的だけれど、鼻カテは自力で食べられるようになったら外せるということと、先生の猫だったらどうするかと尋ねたら、僕なら迷わず鼻カテにします、という答えを聞いたことで、決心しました。そんな経緯もあったので、この本では経管栄養ということになった場合のグッズも作りました。

渦　胃ろう用の服はなかなか売っていないのでお願いしました。飼い主さんにとってはけっこうたいへんな選択なので、素敵な服を手作りしてあげられたらと。でも、胃ろうした子もかわいいんですよ。お腹がすいたとごはんを催促してきて、チューブからごはん

をあげたら満足している様子を見ると嬉しくなります。

越　胃ろう用の服や術後服などを自分で作ったよ、という人たちのブログなどを見ると、みなさんいろいろ工夫していて、とても愛情あふれる記事を書いていますよね。

渦　飼い主としては、ちょっとでも手助けしてあげたいですからね。

越　そうですね。猫の好みや状況に合ったグッズを手作りすることで、飼い主にとっても猫にとっても、通院や在宅治療が少しでも快適になるといいなと思います。それに、猫のためと言いつつ、自分を助けることにもなるんですよね。つらいときこそ、頭と手を動かして集中する時間を持つのは、飼い主の精神衛生上もいいことだと思います。自分が生み出した作品に慰められたり励まされたりすることって、よくあるんですよ。

渦　猫と暮らすと、精神的にも豊かになりますね。自分が手作りしたもので、猫との関係が築けるのは素晴らしいことですね。

越　手作りしがいのある動物だと思います。猫もいろいろだけど。なんでも気に入って素直に喜ぶのも、猫らしくないし（笑）。

渦　猫は自由に生きていますからね。それがかわいい。でも、自分で作ったものなら、喜んでくれなくても諦めもつく（笑）。

越　これはどうですか？　あ、ダメですか、すみません作り直します、って。でも気に入ってもらえたらすごく嬉しい。例えばベッドを作ったときなど、警戒して近づかないからダメか…　と諦めていたら、何日かたってふと気づくと中で丸くなって爆睡していたりする。そんな姿を見るとすべての苦労が報われます。

渦　この子が気に入るのはどんなものだろうと思っていろいろ試しちゃう。それも楽しいですよね。

越　猫と暮らすのは楽しい。でももちろんそれだけじゃない。病気になられたらつらいし、いつか必ずお別れのときがくるのは避けようがないけれど、それもすべてひっくるめて、猫と暮らす幸せな時間をとことん味わい尽くしたいものですね。

How to

作品の作り方

🐾 作品のベッドやウエア類は、下の標準的な猫のサイズに合わせています。標準より大きい猫、小さい猫の場合は、実際にメジャーで測ってサイズを調整しましょう。

🐾 4章のキャリーなど猫の体重を支える必要がある作品は、基本的にミシンで縫うのがおすすめです。手縫いで縫う場合は、厚手の生地や強度が必要なものは本返し縫い、薄手の生地は、半返し縫いで仕立てましょう。基本的な手縫いの仕方は、P.59にあります。

猫の標準サイズ

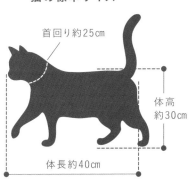

首回り約25cm
体高約30cm
体長約40cm

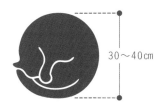

30〜40cm

Lesson 自分の古着をリメイクして作る猫グッズ

本書で紹介したグッズの中には、家にある古着で作れるものも。
思い立ったらすぐにチャレンジできる上に
飼い主の匂いがついた古着なら、猫も安心します。

p.16

セーターリメイクのベッド

綿を詰めながらざくざく縫うので、太めの長い針を使いましょう。
レディース用Mサイズなら直径40cmくらいの仕上がりです。
かなり大きな猫の場合は、メンズセーターで作りましょう。

1 セーターを広げ、スチームアイロンをあててシワを伸ばします。穴があいていたら軽く繕っておきましょう。

2 袖口を突き合わせて、コの字とじ（→P.59）でとじます。袖口のゴム編み部分は、内側に折り込んで突き合わせても、そのままでもOK。

3 両袖に均等に手芸綿を詰めます。綿を大きめの細長い塊にちぎって思い切って押し込むのが、ボコボコせず滑らかに仕上げるコツ。

4 ひっくり返して、脇と裾を袖にたてまつり（→P.59）でまつりつけます。裾の角は内側に折り込み、袖のカーブに添わせながら縫います。

5 首から綿を詰めます。身頃の部分は平らに広げ、首から肩にかけては袖と同じ高さが出るように詰めます。

6 縁の形を整えながら、底と縁の境目を縫います。袖が作るカーブの延長線を丸くつなぐようなイメージで。

7 襟ぐりをコの字とじでとじて、できあがり。綿が偏ってしまったときは、目打ちを使って整えます。

56

p.41

パーカーリメイクの保定袋

パーカーの肩と裾だけとじればできるインスタント保定袋です。
用済みになったら、縫い目をほどけばパーカーに戻せます。
ただし、爪でボロボロにされなければの話ですが。

1 前ファスナー開きのパーカーを用意します。裏がパイル地のものは、爪が伸びていると引っかかるので注意。

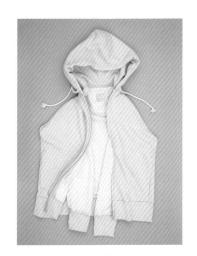

2 ファスナーを開け、両袖を内側に引き出します。

3 ファスナーを閉めて形を整え、肩のあき口を縫い合わせ、裾もとじて袋状にします。コの字とじでも並縫い（→P.59）でもOK。

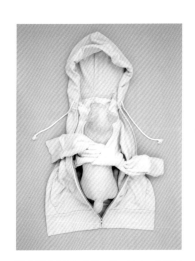

猫を保定するときは、ファスナーを開けて中に入れ、内側に引き出した両袖で胴をぎゅっと結んで袖を中に入れ、素早くファスナーを閉めます。

▶

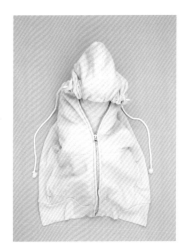

暴れるときは、フードをかぶせて視界を遮り落ち着かせます。フードの紐を軽く引っ張って締めるとさらに効果的。

前身頃

1 タンクトップの前身頃を上にしてアイロンで脇線★をプレスします。襟ぐりと袖ぐりのきわを並縫いし、前後をとじます。

p.51

タンクトップリメイクの術後服

ミシンで縫う場合は、ニット用の針と糸を使いましょう。
手縫いの場合は糸を引きすぎないように気をつけて。
まずは、捨てる予定の古着で試作してみるのがおすすめ。

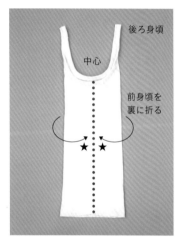

後ろ身頃

中心

前身頃を裏に折る

2 ミシンの場合は、裏返して脇線★を中表に合わせて縫い、筒状にします。手縫いの場合は、脇線★を突き合わせてコの字とじ（→P.59）し、筒状にします。

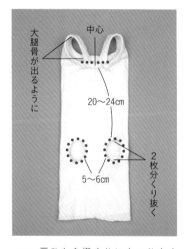

中心

大腿骨が出るように

20〜24cm

5〜6cm

2枚分くり抜く

3 肩ひもを襟ぐりにまつります（→P.59）。長さが足りない場合は、幅広のゴムテープなどを継ぎ足すとよいでしょう。前足を出す穴を2枚分だけ楕円形（型紙P.91）にくり抜き、穴の周りを並縫い（→P.59）します。

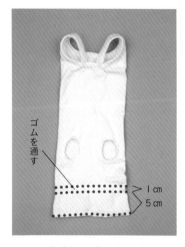

ゴムを通す

1cm

5cm

4 2枚重ねて、裾をぐるりと一周並縫いします。さらに5cmくらい上を1cm間隔で2本並縫いし、2の縫い目の隙間から目打ちで穴を開けて平ゴム（4コール）を通します。

着せるときは、タンクトップの襟ぐりから猫にかぶせて裾側から頭を出し、後ろ足を袖ぐりに、前足を穴に通します。

肩紐の中央を少し離してつけると、後ろ足を動かしやすいようです。猫に合うサイズのタンクトップ（作品は女性用Mサイズ）を見つけて作りましょう。

タンクトップの襟ぐり部分は、しっぽ穴になります。ほどよい開き加減であれば、そのままトイレにも行けるはず。

作品に使用した便利な材料

使いやすいおすすめの材料を紹介します。

A.手芸綿／抗菌防臭手芸わた

抗菌防臭効果があり、洗濯可能だから衛生的。ベッドからぬいぐるみの中身まで幅広く使えます。袋から出すと約3倍に膨らみます。ポリエステル100%。

B.コードストッパー

ボタンを押すと緩み、はなすと固定される仕組みの紐どめ。1本タイプと2本タイプがあります。

C.フィッシュクリップ

片手の軽い力で折れて、どちら側にも開くフィッシュクリップ。着脱がスムーズです。15mm幅の平テープ用。

D.YKK メタリオンファスナー

金属製のように見えるけれど、金属よりずっと軽量な樹脂製のコイルファスナー。開閉しやすく毛も絡みにくい。写真の片開きタイプのほか、両開きタイプもあります。

E.ハマナカあみあみファインネット

手芸のネット編みの土台に使うポリエチレン製のネット。はさみで好きな大きさにカットできます。1マスは6mm。色は、黒、ベージュ、白などがあります。

F.あみぐるみパーツ・プラ鈴

ぬいぐるみやボールなど、おもちゃの中に入れる専用の鈴です。プラスチック製なので軽く、水に濡らしても平気。直径26mm。

G.安全バックル＆調節カン

首輪がどこかに引っかかっても外れやすく安心なバックルと、長さ調節用のカン。ネットショップで入手可能です。10mm幅。

H.面ファスナー

縫製タイプと接着タイプがあり、手芸店ほか100円ショップでも入手できます。柔らかいループ面より、硬いフック面は毛が絡みやすいので、つける向きに注意。

A〜D：清原株式会社
E．F：ハマナカ株式会社

手縫いの基本

（刺し始め）玉結び

糸を2〜3回巻きつけて指ではさんで押さえながら針を抜く

（刺し終わり）玉どめ

刺し終わりで裏側に出した糸を2〜3回巻きつけて指で押さえながら針を抜く

［表から縫う場合の糸玉の隠し方］

ひと針返すと抜けにくい

縫い終わりで玉どめした後同じ位置に針を入れて離れた所に針を出し玉どめを中（裏側）に隠す

離れた所から針を入れ（1入）、玉結びを中に引き込む

並縫い

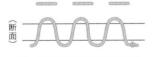

縫い始めと終わりはひと針返し縫いすると糸が抜けにくくなります

返し縫い（本返し縫い）

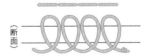

半返し縫い

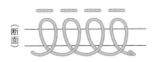

たてまつり

布（表）
重ねた布（表）

コの字とじ

突き合わせた布の折り山を交互にすくう

【イラストの見方】
・ ------- 線の位置を縫いましょう。
・裁ち方図の数字の単位はすべてcm
（センチメートル）です。「縫い代1cm
込み」や「裁ち切り」とある場合は、
記載のままの寸法で裁ちましょう。
・アルファベットはメーカー名です。
K＝清原、H＝ハマナカ

p.12

首 輪

シュシュタイプ幅4cm／リボン、テープタイプ幅1cm

【材料】
シュシュタイプ
　・薄手の木綿…60×10cm
　・平ゴム 4コール…30cm

リボン、テープタイプ
　・好みのリボン、テープ10mm幅…35cm
　・首輪用安全バックル10mm幅…1組
　・調整カン10mm幅…1個

[シュシュタイプ]

裁ち方

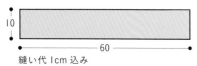

10

60

縫い代1cm込み

1

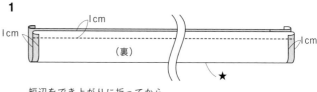

1cm

1cm

1cm

（裏）

★

短辺をでき上がりに折ってから、
中表に二つ折りして縫う。

2

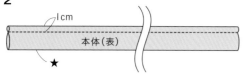

1cm

本体（表）

★

表に返し、ゴム通し口を縫う。

3

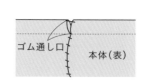

ゴム通し口

本体（表）

ゴム通し口

ゴム通し口を残して両端を輪に
まつって縫いつなぎ、ゴムを通して
端をひと結びし、中に入れ込む。

[リボン、テープタイプ]

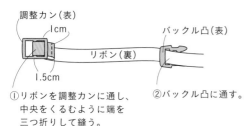

調整カン（表）

1cm

リボン（裏）

バックル凸（表）

1.5cm

①リボンを調整カンに通し、
　中央をくるむように端を
　三つ折りして縫う。

②バックル凸に通す。

※薄手のリボンの場合は、2枚重ねて
　両耳のきわを縫ってからバックルをつける
　（①～⑤）

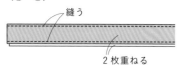

縫う

2枚重ねる

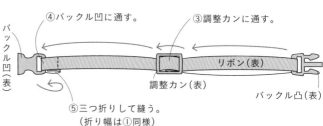

④バックル凹に通す。

③調整カンに通す。

バックル凹（表）

調整カン（表）

リボン（表）

バックル凸（表）

⑤三つ折りして縫う。
　（折り幅は①同様）

調整カンを使わず、ジャストサイズで作る場合

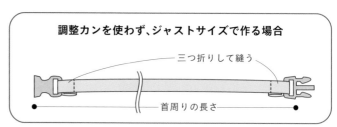

三つ折りして縫う

首周りの長さ

p.12

名 札

直径3cm

【材料】

・市販の好みの名札ケース…作品は直径3cm
・紙 直径2.4cm…1枚
・丸カン 直径10mm、ナスカン 4mm幅…各1個

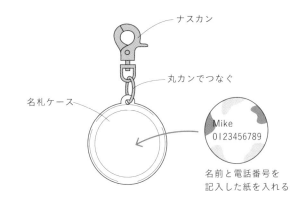

ナスカン

丸カンでつなぐ

名札ケース

Mike
0123456789

名前と電話番号を
記入した紙を入れる

---

p.5

爪とぎ3タイプ

各18×3×40cm

【材料】

木箱（市販の乾麺などの空き箱）…各1箱（作品は40×18×3cm）

段ボールタイプ
　・段ボール、両面テープ、接着剤…各適宜

麻袋タイプ
　・麻袋…1枚　両面テープ…適宜

麻糸タイプ
　・梱包用麻糸、手編み用麻糸（赤）、両面テープ、接着剤…各適宜

[段ボールタイプ]

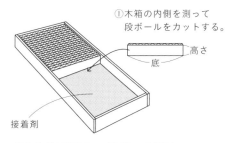

①木箱の内側を測って
段ボールをカットする。

高さ
底

接着剤

②接着剤や両面テープを使って底側を
貼り合わせ、端まで詰める。

[麻袋タイプ]

1

麻袋

ジグザグミシン

麻袋を開いて、木箱よりひとまわり
大きめに裁ち、裁ち端にジグザグ
ミシンをかける。

2

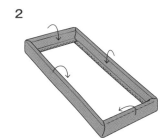

木箱をくるんで角をきれいにたたみ
裏にまわして両面テープで貼る。

[麻糸タイプ]

1

持ち手用紐

側面に穴をあけ、赤い麻糸でくさり編みや
3つ編みした持ち手用紐を通して結ぶ。

2

両面テープ

木箱の外側側面に
両面テープを貼る。

3

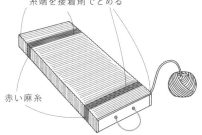

巻き始め・巻き終わり・色替え部分は
糸端を接着剤でとめる

赤い麻糸

麻糸をぐるぐると隙間なく
巻きつける。

p.7

魚、鳥、ねずみのぬいぐるみ

魚4×10cm／鳥5×10cm／ねずみ10×5cm

【材料】

魚
・布(木綿、麻、ウールなどのはぎれ)…12×11cm
・手芸綿／K…適宜
・並太毛糸…適宜

鳥
・本体用布(木綿、麻、ウールなどのはぎれ)…12×13cm
　羽用フェルト…7×6cm
・手芸綿／K…適宜
・並太毛糸、手縫い糸…適宜

ねずみ
・本体用布(木綿、麻、ウールなどのはぎれ)…12×13cm
　耳・しっぽ用フェルト…3×7cm
・手芸綿／K…適宜
・並太毛糸…適宜
・手芸用ボンド…適宜

●実物大型紙はP.92

[魚]

1

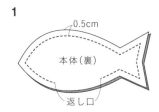

布2枚を中表に合わせ
返し口を残して縫う。

2

並太毛糸でフレンチナッツS／3回巻
(玉結びした後、離れた位置に針を出し
糸を引いて結び目を中に引き込み糸を切る)

表に返して綿を詰め、返し口をとじ
フレンチナッツSで目を作る。

[鳥]

1

布2枚を中表に合わせ
返し口を残して縫う。

2

並太毛糸でフレンチナッツS／3回巻
(糸の始末は、[魚]と同じ)

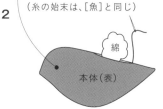

表に返して綿を詰め、返し口をとじ
目を作る。

3

羽(フェルト)

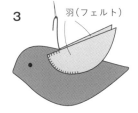

羽2枚を左右にまつる。

4

①糸の束のわ側を通し
布をすくう

細い糸15本
くらいの束

②針を外して
くぐらせる

とじ針に糸の束を通して、長さを揃え、
尾の部分に刺す。

5

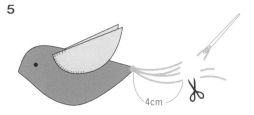

4cm

くぐらせた糸の端を切りそろえる。

[ねずみ]

1

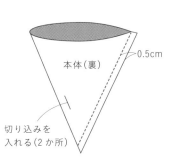

本体を中表に二つ折りして縫い
円錐形にする。

2

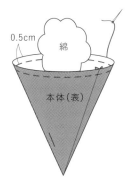

表に返して綿を詰め
円弧をぐし縫いする。

3

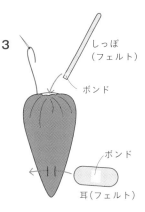

しっぽパーツを差し込んで
糸を絞り、しっぽを何針か
縫ってから玉どめする。
切り込みに耳パーツを通す。

4

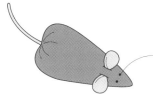

並太毛糸でフレンチナッツS／3回巻
（糸の始末は、[魚]と同じ）

目を作る。

---

p.8

けりぐるみ

24×15cm

【材料】
・手ぬぐい…36cm幅×28cm
・手芸綿／K…適宜

●実物大型紙はP.93

裁ち方

手ぬぐい

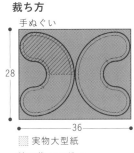

28

36

▨ 実物大型紙
縫い代1cm込み

1

1cm

本体（裏）

返し口

布2枚を中表に合わせ
返し口を残して縫う。

2

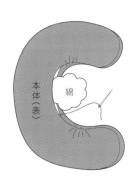

本体（表）

綿

表に返して綿を詰め
返し口をコの字とじで
とじる。

p.9

猫じゃらし

長さ30cm（柄は除く）

【材料】
・菜箸（穴あきタイプ）…1本
・裂き布（またはリボン）…適宜
・鈴…適宜

1

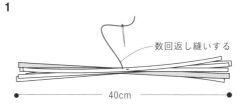

数回返し縫いする

40cm

40cmくらいの長さの裂き布（またはリボン）を
束ねて、中心を縫いとめる。

2

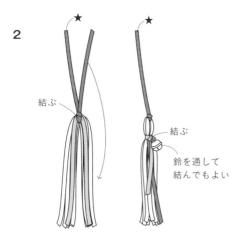

★

結ぶ

結ぶ

鈴を通して
結んでもよい

中心を長さ30cmの裂き布（またはリボン）で固結びし
片側を房の中に入れ、さらに1の裂き布で根元を固結び
して束ねる。

3

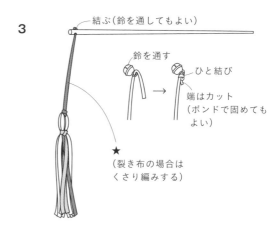

結ぶ（鈴を通してもよい）

鈴を通す

ひと結び

端はカット
（ボンドで固めても
よい）

★
（裂き布の場合は
くさり編みする）

2のもう片側★を、菜箸の穴に通してひと結びする
（好みで鈴を通して結ぶ）。

---

p.11

羊毛フェルトのガラガラボール

直径4.5cm

【材料】
・羊毛フェルト…各色適宜
・あみぐるみパーツ・プラ鈴／H…1個

1

鈴をくるむようにして
羊毛フェルトを重ね
自由に模様をつける。

2

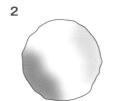

ふわっとした状態で、
希望のでき上がりサイズの
倍くらいの大きさのボールを
作る。

3

お湯で濡らし、中性洗剤を
つけて泡立て、転がしながら
縮絨する。

4

水でよくすすぎ、陰干しして
乾かす。

64

p.14

ダストスタンドの
ハンモック

46.5×42×高さ45㎝

【材料】
・市販のダストスタンド
　…W46.5×D34×H51㎝
・薄手の木綿…100×90㎝
・PPテープ 2.5㎝幅…50㎝

1

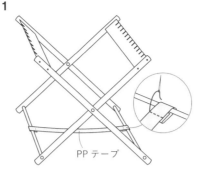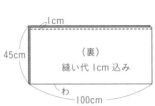

PP テープ

低めで開いた状態で固定するため、
ダストスタンドについているテープ
を外し、PPテープにつけ替える
（ミシン、または太めの手縫い針で縫う）。

2

1cm

（裏）
縫い代 1㎝込み

45cm

わ

100cm

100×90㎝の布を中表に二つ折り
して筒状に縫い、表に返す。

3

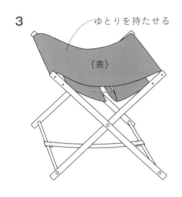

ゆとりを持たせる

（表）

ダストスタンドにかぶせて
片側の端を内側に折り込み
もう片側を中に入れて縫う。
（右図参照）

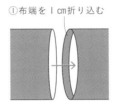

①布端を1㎝折り込む

②5㎝ほど
重なるように
差し込む

③スタンド部分をよけてミシン
で縫う。手縫いの場合は
しっかりと返し縫いする。

---

p.15

サークルハンモック

直径44㎝×高さ40㎝

【材料】
・市販のフラワースタンド
　…直径44㎝×高さ40㎝
・中厚手の木綿…104×52㎝
・PPテープ 2.5㎝幅…200㎝
・手芸綿／K…150g

裁ち方　クッション

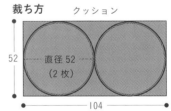

52

直径52
（2枚）

104

縫い代 1㎝込み
円の型紙の書き方は P.81

1

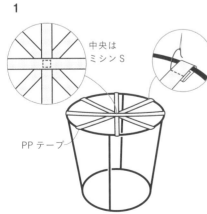

中央は
ミシンS

PP テープ

PP テープを 50㎝×4 本に切り分け、
3 本を放射状に重ね、中央をミシンで縫い、
フラワースタンドのフレームに渡して
縫いとめる（太めの手縫い針を使用）。

2

1cm

クッション（裏）

返し口

20cm

円形に裁った布 2 枚を
中表に合わせて、返し口
を残して縫う。

3

クッション（表）

綿

表に返して綿を詰め、
返し口をとじる。

4

クッション（表）

スタンドにクッションを
のせる。

p.18

夏素材と冬素材の
リバーシブルベッド

40×40×20㎝

【材料】
・リネン…85×90㎝
・ウール…85×90㎝
・綿綾テープ1㎝幅…200㎝
・手芸綿…500~600g

裁ち方

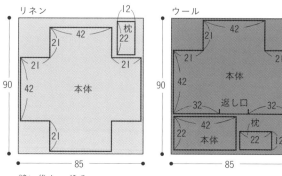

リネン

42
21
21
12
枕 22
21
90
42
本体
85

ウール

21 42
21 21
42 本体
32 返し口 32
22 42 本体 枕 22 12
90
85

縫い代1㎝込み

1

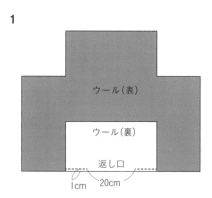

ウール(表)
ウール(裏)
返し口
1㎝ 20cm

ウールを中表に合わせ、返し口を
残して縫う。

2

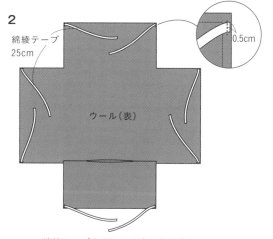

綿綾テープ
25cm
ウール(表)
0.5cm

綿綾テープを25cm×8本に切り分け、
角の8か所の縫い代に仮どめする。

3

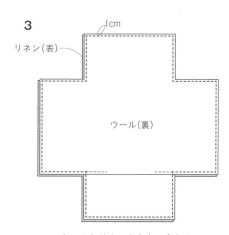

1㎝
リネン(表)
ウール(裏)

ウールとリネンを中表に合わせて
周囲を縫い合わせる。

4

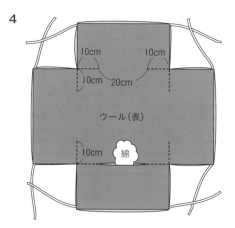

10cm 10cm
10cm 20cm
ウール(表)
10cm 綿

返し口から表に返し、仕切りステッチを縫い、
綿を詰めて返し口をとじる。

5

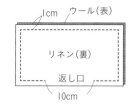

1㎝ ウール(表)
リネン(裏)
返し口
10cm

布2枚を中表に合わせ
返し口を残して縫う。

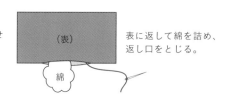

(表)
綿

表に返して綿を詰め、
返し口をとじる。

p.19

座布団リメイクの
ベッド

40×40×20cm

【材料】
・市販の40×40cmの座布団
　（50cm×2本の結び紐つき）
　…5枚

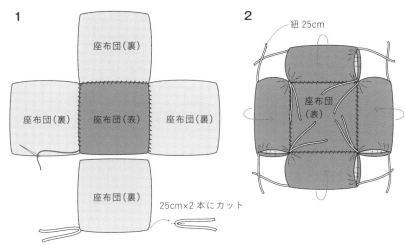

1
座布団（裏）

座布団（裏）　座布団（表）　座布団（裏）

座布団（裏）

25cm×2本にカット

座布団をクロス型に5枚並べ
突き合わせた2枚を交互にすくって
縫い合わせる。
結び紐は外して、25cmに切り分ける。

2
紐 25cm

座布団
（表）

周りの4枚を内側に向けて外表に
二つ折りし、中心の1枚の縁にまつる。
折り山8か所と、内側8か所に紐を
まつりつける。

---

p.22

ハンガーと
Tシャツのテント

直径40cm×高さ33cm

【材料】
・市販のワイヤーハンガー…2本
・段ボール 直径40cm…2枚
・Tシャツ…1枚
・直径40cmのクッション…1個
・布ガムテープ…適宜
・安全ピン…2〜3本

● 底の実物大型紙はP.98

1

ワイヤーハンガーのフック部分
をカットして伸ばし（約85cm）、
軽く弓なりに曲げておく。

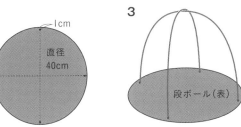

2
1cm
直径
40cm

段ボール1枚の縁4か所に
目打ちで穴を開ける。

3
段ボール（表）

穴にワイヤーを通す。

4
曲げる　テープ

裏で5cmくらい曲げ、
テープでとめる。

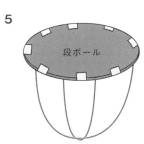

5
段ボール

もう1枚の段ボールを重ねて、
縁をテープでとめる。

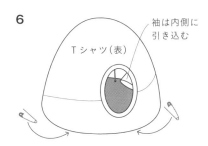

6
袖は内側に
引き込む
Tシャツ（表）

ハンガーにTシャツをかぶせて、衿ぐりが
入り口になるように形を整え、裾の余った
部分は裏側で安全ピンでとめる。

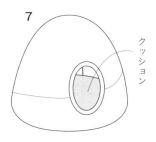

7
クッション

クッションを中に入れて敷く。

67

ティピーテント

45×45×100cm

【材料】
・カーテン用布（薄手の木綿）…100×174cm
（または、市販の80cm丈のウエストゴムの
スカート）
・座布団用布（中厚手の木綿）…94×47cm
（または市販の45×45cmのクッション）

・手芸綿…適宜
・紐 0.6cm幅…230cm
・ゴム…適宜
・丸棒 直径1cm×長さ100cm
…4本

裁ち方

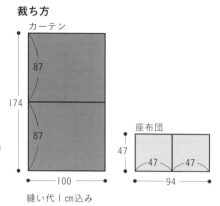

縫い代1cm込み

［座布団を作る］

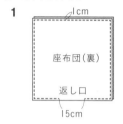

1

2枚を中表に合わせ、
返し口を残して縫う。

2

表に返して綿を詰め、
返し口をとじる。

7.5cmに切った紐を四隅に
縫いつけ、ループを作る。

［カーテンを作る］

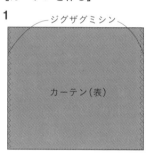

1

カーテン布の両脇にジグザグミシン
をかける（耳になっている場合は
そのまま使う）。

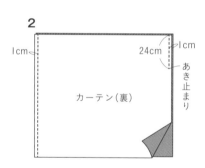

2

カーテン布2枚を中表に合わせて
縫う（片側はあき止まりまで）。

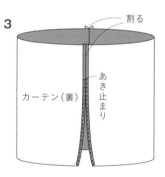

3

縫い代を割り、あきを縫う。

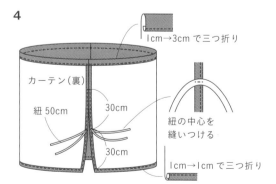

4

上下を三つ折りして縫い、
50cmに切った紐を2本縫いとめる。

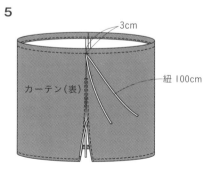

5

表に返し、上部に100cmの紐の中心を
縫いとめる。

[テントを組み立てる]

1
ゴム

2
カーテン

棒を束ねて上部をゴムでとめ、脚を
それぞれ座布団のループに通す。

座布団

カーテンをかぶせ、紐を結ぶ。

座布団

[市販のスカートを使用する場合]

ウエストゴムの
下に紐をつける

片
側
の
脇
を
途
中
ま
で
ほ
ど
く

紐をつける

---

p.21

トンネル

直径24×60㎝

【材料】
・市販の園芸用リングつき支柱…作品は直径24／18×高さ60㎝
・表布(パラフィン加工の11号帆布)…65×80㎝
・裏布(中厚手の木綿)…65×80㎝

裁ち方

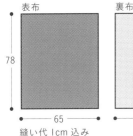

表布

78

65

裏布

65

縫い代1cm込み

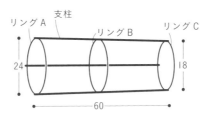

リングA   支柱
リングB   リングC

24   18

60

1

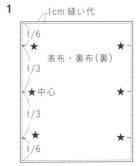

1cm 縫い代

1/6
1/3
★中心
1/3
1/6

表布・裏布(裏)

★   ★

★   ★

★   ★

リングAの円周を三等分★
(両端は1/3の半分)して
長辺の両脇に印をつける。

2

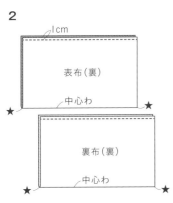

1cm

表布(裏)

中心わ

★   ★

裏布(裏)

中心わ

★   ★

表布・裏布をそれぞれ中表に
二つ折りして縫い、縫い代を割る。

3

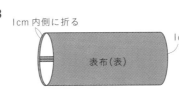

1cm 内側に折る

1cm 内側に折る

表布(表)

表に返し、上下を折る。

4

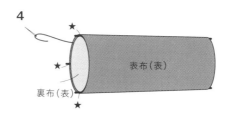

★

★

表布(表)

裏布(表)   ★

リングと支柱を表布・裏布で
はさみ、支柱と印★を
合わせながら、
リングAのきわで
表布と裏布をぐるりと
まつって縫い合わせる
(リングC側は、
いせこみながら縫う)。

69

p.24

ランチョンマット

50×30cm

【材料】
・表布（ラミネート地）…52×32cm
・裏布（8号帆布）…52×32cm

裁ち方

ラミネート地　　　　　8号帆布

| 32 | 表布(1枚) | 32 | 裏布(1枚) |

52　　　　　　　　52

縫い代1cm込み

1

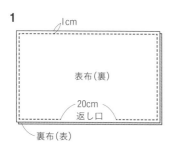

1cm

表布（裏）

20cm
返し口

裏布（表）

表布と裏布を中表に合わせ、返し口を
残して縫う。

2

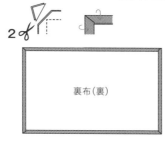

裏布（裏）

四隅の縫い代をカットし、縫い代をラミネー
ト地側に倒し、帆布側からアイロンで押さえ
縫い代の角をきちっと畳みながら表に返す。

3

0.5cm

表布（表）

返し口

帆布側から四辺をアイロンで押さえて
形を整え、返し口をとじながら周りに
ステッチをかける。

---

p.24

ブランケット＆枕

ブランケット60×40cm　枕20×10cm

【材料】
・ウールリネン…60×52cm
・並太毛糸…適宜

裁ち方

ウールリネン

12	22	枕(2枚)	
52	40	ブランケット(1枚)	
		60	

60

ブランケットは裁ち切り
枕は縫い代1cm込み

[ブランケット]

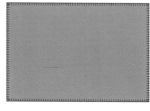

1cm間隔でブランケットS

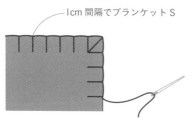

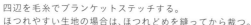

四辺を毛糸でブランケットステッチする。
ほつれやすい生地の場合は、ほつれどめを縫ってから裁つ。

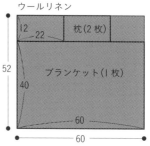

[枕]

1

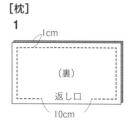

1cm

（裏）

返し口

10cm

布2枚を中表に合わせ、
返し口を残して縫う。

2

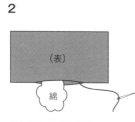

（表）

綿

表に返して綿を詰め、
返し口をとじる。

3

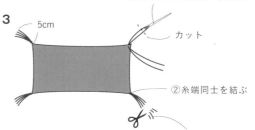

5cm

①とじ針で毛糸(2本)を通す

カット

②糸端同士を結ぶ

③切り揃える

四隅に毛糸で房をつける。

70

p.25

フェルトのリバーシブル
エリザベスカラー

幅12cm×首周り25cm

【材料】
・フェルト2色…各40×25cm
・両面接着芯（蜘蛛の巣シート）…40×25cm
・面ファスナー（縫いつけタイプ）25mm幅…9cm

●実物大型紙はP.94

裁ち方

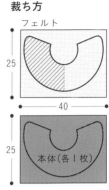

フェルト

25

40

25

本体（各1枚）

▨ 実物大型紙
裁ち切り

1

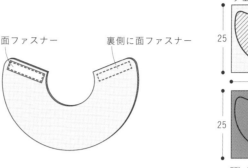

両面接着芯

でき上がり線

型紙よりひとまわり大きめに、
フェルト2色をそれぞれカットし、
両面接着芯を間に挟んでアイロンで
接着する。

2

面ファスナー　裏側に面ファスナー

型紙に合わせて裁ち直し、
面ファスナーを縫いつける。

---

p.26

ぷちぷちエリザベスカラー

幅12cm×首周り25cm

【材料】
・エアパッキン…40×50cm
・バイアステープ 1cm幅…150cm
・面ファスナー（接着タイプ）25mm幅…9cm

●実物大型紙はP.94

裁ち方

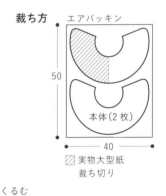

エアパッキン

50

本体（2枚）

40

▨ 実物大型紙
裁ち切り

1cm　くるむ　0.2cm
折る

1

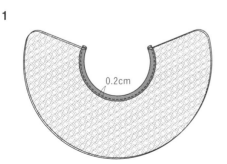

0.2cm

エアパッキンの凹凸面を内側にして
2枚重ね、バイアステープで首周りを
縁取りして縫う。

2

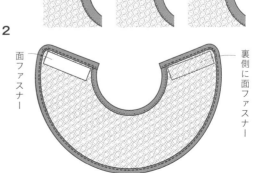

面ファスナー　裏側に面ファスナー

周囲をバイアステープで縁取りして
縫い、面ファスナーを貼りつける。

71

ふかふかエリザベスカラー

直径28cm

【材料】1点分
・薄手の木綿…65×35cm
・バイアステープ 四つ折り10mm幅…33cm
・紐 直径4mm…50cm
・コードストッパー 2本通しタイプ／K…1個
・手芸綿／K…適宜

●実物大型紙はP.95

裁ち方

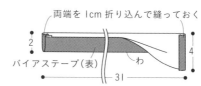

35

本体(2枚)

65

▨ 実物大型紙　縫い代1cm込み

両端を1cm折り込んで縫っておく

2

バイアステープ(表)　わ

4

31

[ドーナツ形]

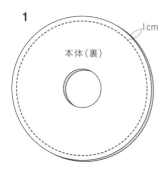

1

本体(裏)

1cm

本体2枚を中表に合わせて
周囲を縫う。

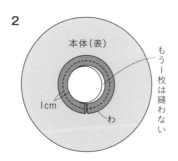

2

本体(表)

1cm　わ

もう一枚は縫わない

表に返して、1枚の穴の周囲に
二つ折りにしたバイアステープを
中表に合わせて縫う。

3

本体(表)

綿

全体に均一になるように綿を
詰める。

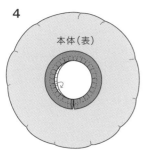

4

本体(表)

縫い代に切り込みを入れ(2枚とも)、
縫い代を内側に折り込む。

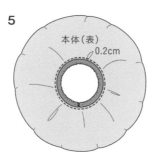

5

本体(表)

0.2cm

2枚を縫い合わせる。

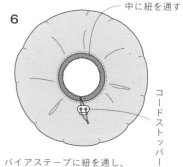

6

中に紐を通す

コードストッパー

バイアステープに紐を通し、
ストッパーに通して、紐の先を結ぶ。

[フラワー形]

ドーナツ形と同様に作る
表面と裏面の生地を変えてもよい

35

35

▨ 実物大型紙　縫い代1cm込み

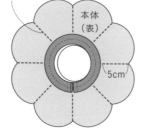

バイアステープをよけて端まで縫う

本体
(表)

5cm

工程2の後、仕切りステッチを
8本入れ、それぞれに綿を詰める。

本体
(表)

工程4〜6と同じ要領で作る。

p.28

タオルハンカチの
スタイ

首輪に通すタイプ19×22㎝
バンダナタイプ14×27㎝

【材料】
首輪に通すタイプ
・タオルハンカチ 20×20㎝…1枚
・安全バックルつき首輪（作り方P.60）…1本

バンダナタイプ
・タオルハンカチ 20×20㎝…1枚
・首輪用安全バックル 10mm幅…1組

[首輪に通すタイプ]

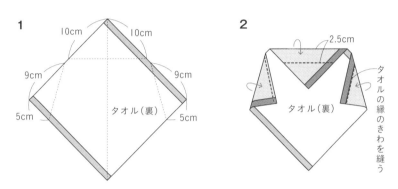

1　10cm　10cm　9cm　9cm　5cm　5cm　タオル（裏）

2　2.5cm　タオル（裏）　タオルの縁のきわを縫う

タオルハンカチの角を3か所、裏側に折って縫う。

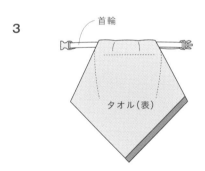

3　首輪　タオル（表）

安全バックルつきの首輪(P.60)を上部に通す。

[バンダナタイプ]

1　わ　タオル（表）

タオルハンカチを対角線で外表に
二つ折りする。

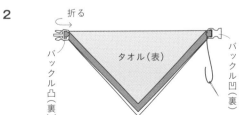

2　折る　タオル（表）　バックル凸（裏）　バックル凹（裏）

両端にバックルを通して折り
まつってとめる。
バックルの凹凸は、つけやすい
向きでよい。

p.28

ラミネートの
丸いスタイ

19×18cm

【材料】
・表布（ラミネート地）…22×22cm
・裏布（ダブルガーゼ）…22×22cm
・バイアステープ 四つ折り10mm幅…25cm
・首輪用安全バックル 10mm幅…1組

●実物大型紙はP.96

裁ち方　表布・裏布

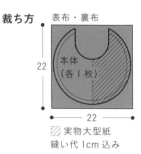

本体
（各1枚）

22

22

▨ 実物大型紙
縫い代1cm込み

1

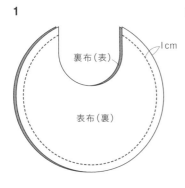

裏布（表）

表布（裏）

1cm

表布と裏布を中表に合わせて外周を縫う。

2

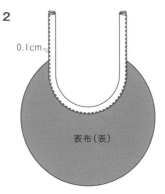

0.1cm

表布（表）

表に返し、バイアステープで
縁取りをして縫う。

3

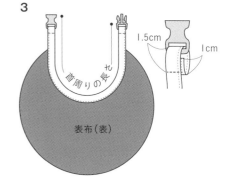

首周りの長さ

表布（表）

1.5cm

1cm

バックルをつける。
長さは実際につけて調整する。

---

p.29

ハンカチで作るポケットつきスタイ

13×47cm

【材料】
・バンダナまたは大判ハンカチ 50×50cm…1枚

1

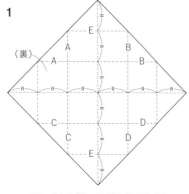

（裏）

E　A　B

A　B

C　D

C　D

E

バンダナを折って斜めに6等分し
消えるペンなどで裏に印をつける。

2

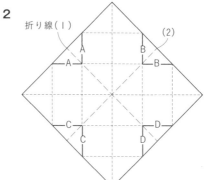

折り線（1）　(2)

A　B

A　B

C　D

C　D

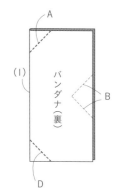

A

(1)

バンダナ（裏）

B

D

A、Dを折り線（1）で中表に折って縫う。
同様にB、Cも折り線（2）で折って縫う。

3

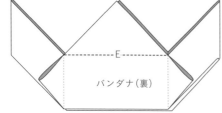

E

バンダナ（裏）

角を合わせて折りたたみ、Eを中表に合わせて縫う。

4

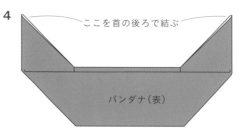

ここを首の後ろで結ぶ

バンダナ（表）

脇から表に返し、ポケット状になるように形を整える。

p.30

マスク

各13×8cm

【材料1点分】
・フェルト…25×20cm
・面ファスナー2.5cm幅…5cm

● 実物大型紙はP.97

裁ち方

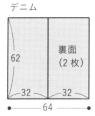

▨ 実物大型紙

縫い代0.5cm込み

目薬用は
穴を開ける

1

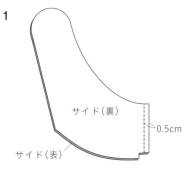

サイド(裏)

サイド(表)

0.5cm

サイド中心を中表に合わせて縫い、
縫い代を割る。

2

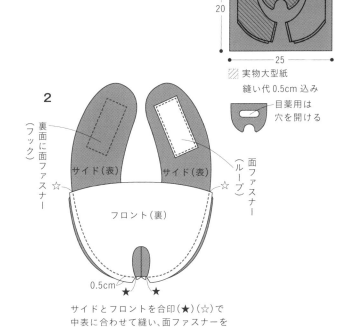

裏面に面ファスナー(フック)

サイド(表)　サイド(表)

面ファスナー(ループ)

☆　☆

フロント(裏)

0.5cm ★　★

サイドとフロントを合印(★)(☆)で
中表に合わせて縫い、面ファスナーを
縫いつける。

---

p.42

保定ベッド

60×60cm

【材料】
・布(ラミネート地)…62×62cm
・布(デニム)…64×62cm
・手芸綿／K…500〜600g

裁ち方

ラミネート地

表面(1枚)

62

62

デニム

裏面(2枚)

62

32　32

64

縫い代1cm込み

1

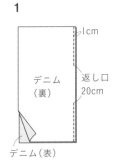

1cm

デニム(裏)

返し口20cm

デニム(表)

デニム2枚を中表に合わせ
返し口を残して縫い
縫い代を割る。

2

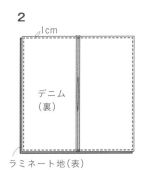

1cm

デニム(裏)

ラミネート地(表)

ラミネート地とデニムを中表に
合わせて周囲を縫う。

3

デニム(表)

返し口から表に返して形を整え
デニムの接ぎ目に落としミシン
をかける。

4

それぞれに綿を詰める

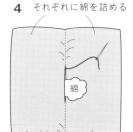

綿

返し口から両側にそれぞれ
均等に綿を詰めて、返し口を
コの字とじでとじる。

ネット窓つき帆布バッグ

45×20×35cm

【材料】
・パラフィン加工の11号帆布…110×85cm
・ラミネート地…92×44cm
・YKKメタリオンファスナー 60cm両開き／K…1本
・PPテープ 持ち手30mm幅…220cm
　タブ用20mm幅…12cm
・あみあみファインネット（黒 H200-372-2)／H
　…22×22マス（17×17cm）を2枚
・Dカン 20mm幅…2個
・ベルポーレン（1.5mm厚）…44×19cm

肩紐
　・PPテープ 30mm幅…120cm
　・コキカン 30mm幅…1個
　・ナスカン 30mm幅…2個

裁ち方

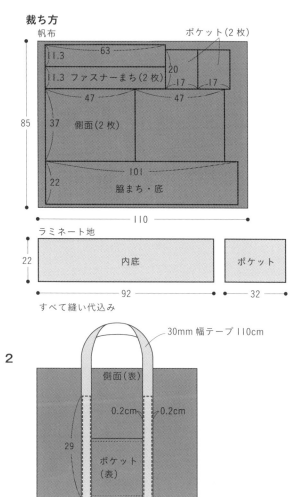

すべて縫い代込み

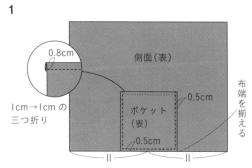

1 ポケット袋口を三つ折りして縫い、側面に仮どめする。

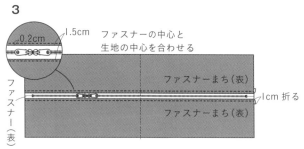

2 テープを縫いつける（同じものをもう1組作る）。

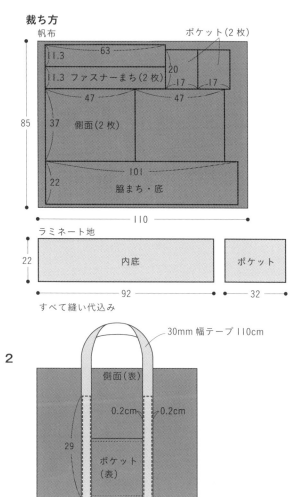

3 ファスナーまちのファスナー側の端にジグザグミシンをかけて折り、ファスナーに重ねて縫う。

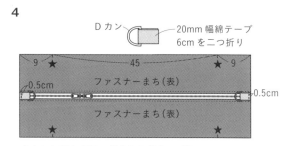

4 Dカンに通して二つ折りした綿テープをファスナーの両脇に仮どめしてタブを作る。折り曲げ位置（★）に切り込み（1cm）を入れる。

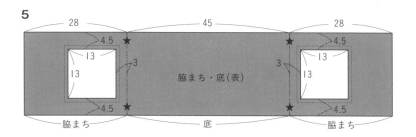

5 脇まちの窓部分をくり抜く。折り曲げ位置（★）に切り込み（1cm）を入れる。

76

6

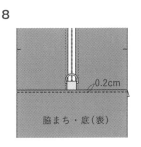

くり抜いた窓の四隅に切込みを入れて裏側に折り、
ネットを裏に重ねて周りを縫う。

7

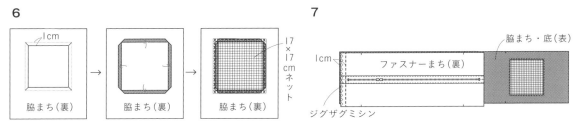

ファスナーまちと脇まちを中表に合わせて縫い、
2枚重ねて縫い代にジグザグミシンをかける。

8

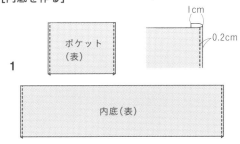

縫い代を底側に倒して、表から
ステッチをかける。
（もう片側も同様に縫う）

9

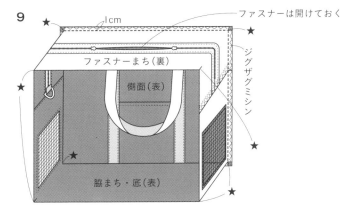

側面の角とまちの切り込み★を中表に合わせて1周縫い、
2枚重ねて縫い代にジグザグミシンをかける。
もう片側の面も同様に縫い、ファスナー口から表に返す。

［内底を作る］

1

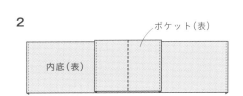

内底・ポケットの両端を折り、ステッチをかける。

2

内底（表）　ポケット（表）

中心で重ねて縫い合わせる。

3

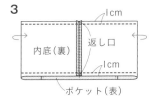

内底（裏）　返し口　ポケット（表）　1cm

両端を中心で突き合わせて折り
両脇を縫う。

4

内底（表）　ベルポーレン　四隅の実物大型紙
19　44

返し口から表に返し、ベルポーレンを入れる。

［肩紐をつける場合］

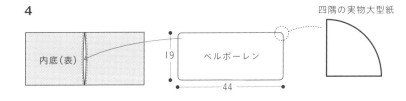

①コキカンに通し、中央をくるむように
三つ折り（2.5cm→3cm）して縫う。
②ナスカンに通す。
テープ（裏）
30mm幅テープ120cm

③コキカンに通す。
テープ（表）

④ナスカンに通し、三つ折り（2cm→3cm）して縫う。

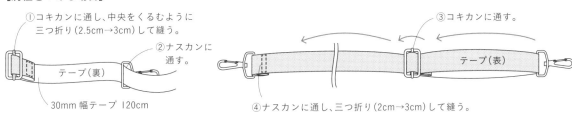

p.34

首輪つきスリング
54×84㎝

【材料】
・薄手の木綿…110×190cm
・テープ 20mm幅…45cm
・ナスカン 20mm幅…1個
・コキカン 20mm幅…1個
・角カン 20mm幅…1個

●本体カーブの実物大型紙はP.98

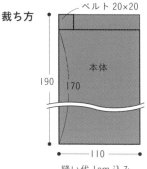

裁ち方

ベルト 20×20

本体

190
170

110

縫い代1cm込み

[本体を作る]

1

20cm
20cm
カットする
縫い止まり
縫い止まり
わ

本体布を中表に縦に二つ
折りし、四隅をカットする。

2

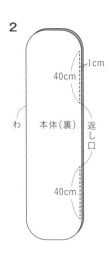

1cm
40cm
本体(裏)
返し口
40cm
わ

返し口を残して縫い
止まりまで縫う。

3

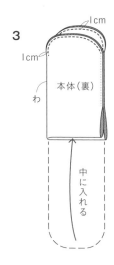

1cm
1cm
本体(裏)
わ
中に入れる

筒状になった下半分を内側に
入れ込み、カーブした部分を
それぞれ中表に合わせて縫う。

4

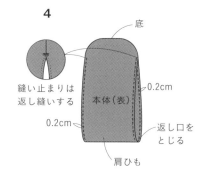

底
裏
縫い止まりは
返し縫いする
0.2cm
本体(表)
0.2cm
返し口を
とじる
肩ひも

返し口から表に返し、開口部を
両側ともぐるりと縫い、肩ひも
と、底部分を作る。

5

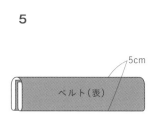

5cm
ベルト(表)

ベルト布を四つ折りし、
でき上がりサイズの折り目を
つけておく。

6

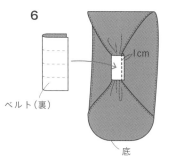

ベルト(裏)
1cm
底

ベルトの折り目を開き、
肩ひもを中表にくるんで
縫う。

7

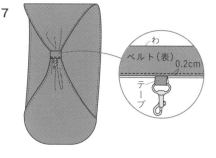

わ
ベルト(表)
0.2cm
テープ

ベルトを⑤の折り目で外表に四つ折りし、
ナスカンを通したテープ(6cm)をはさんで
縫う。

[首輪を作る]

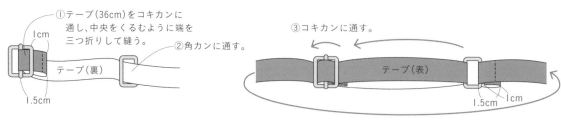

①テープ(36cm)をコキカンに
通し、中央をくるむように端を
三つ折りして縫う。
1cm
②角カンに通す。
テープ(裏)
1.5cm

③コキカンに通す。

テープ(表)

1.5cm
1cm

④角カンに通して
三つ折りして縫う。

p.35

洗濯ネットバッグ

全長72cm

【材料】
・手ぬぐい…37×98cm
・市販の好みの円筒形洗濯ネット…作品は直径38×長さ50cm

1

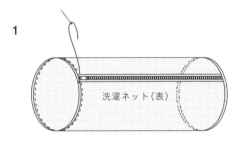

洗濯ネットの両脇をぐし縫いし、手ぬぐいの
幅と同じ長さに縮める。

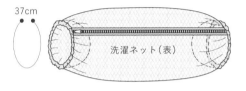

手ぬぐい幅=37cmの場合、両脇はそれぞれ
1周が37cmになるように縮めて玉どめする。

2

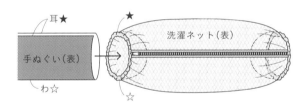

ファスナーを中心にして、脇になる部分（★☆）に
筒状にした手ぬぐいの両耳と、わの中心を
それぞれ合わせる。

3

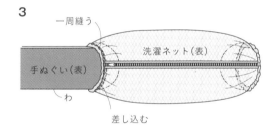

1cmほど重ね、ネットと手ぬぐいを一周
縫い合わせる。手縫いの場合は、しっかり
返し縫いをする。

4

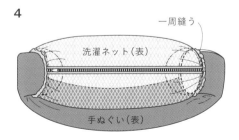

反対側も同様にして、一周縫う。

5

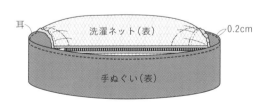

手ぬぐいの耳同士を外表に重ねて縫う。

79

サークルベッドになる
リバーシブルバッグ

直径40×35cm

【材料】
・ダブルフェイスのキルティング地
　…110×85cm
・紐　直径5mm…250cm
・綿テープ　25mm幅…80cm
・コードストッパー
　1本通しタイプ／K…2個
・ハトメ #23…4組
・手芸綿／K…適宜

●底の実物大型紙はP.98

裁ち方

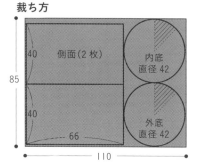

▨ 実物大型紙　縫い代1cm込み

1

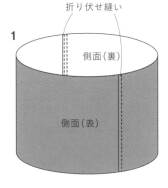

側面の両脇を折り伏せ縫いして
筒状にする。

折り伏せ縫い

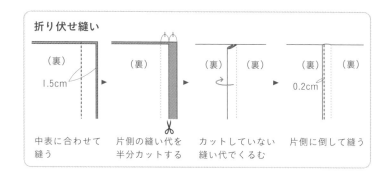

中表に合わせて　片側の縫い代を　カットしていない　片側に倒して縫う
縫う　　　　　　半分カットする　縫い代でくるむ

2

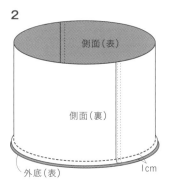

側面と外底を中表に合わせて縫う。

3

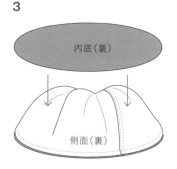

側面を中心に集めてたたみ
内底をかぶせる。

4

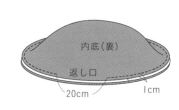

外底と内底で側面をはさみ込んだ
状態で、返し口を残して周りを縫う。

5

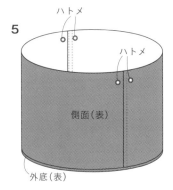

⑤返し口から表に返し、袋口の両脇に
　ハトメをつける。

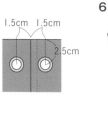

6

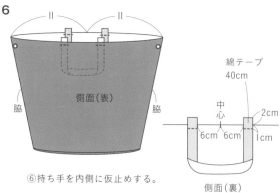

⑥持ち手を内側に仮止めする。

80

7

3cm

1cm　0.3cm

側面(表)

袋口を外側に三つ折りして縫う。

8

0.3cm

おこす

側面(表)

持ち手をおこして袋口を縫う。

9

ひもの通し方

側面(表)

ひと結び

コードストッパー

脇からひも(125cm)をそれぞれ
通し、コードストッパーに通して
結ぶ。

10

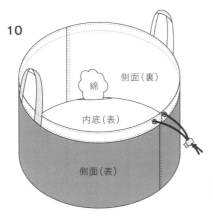

側面(裏)

綿

内底(表)

側面(表)

内底の返し口から綿を詰め
返し口をコの字とじでとじる。

サイズを調整する場合の円の型紙の作り方

直径42cmの場合

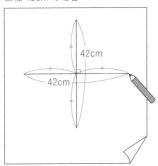

42cm

42cm

①製図用紙(カレンダーの裏など大きな紙
　でもよい)に、直径と同じ長さで、垂直二
　等分線を引く。

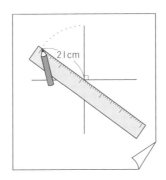

21cm

②中心から半径の長さを測り、定規の
　角度を少しずつ変えながら、点を打つ。

　あるいは中心に画鋲を刺してとめた
　半径の長さの糸の先にペンを結び、
　ぐるりと回して書く。

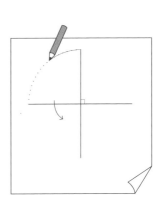

③1/4円を描き、これを型紙に
　残りは1/4円を回転させて
　円を描く。直径の線で折って
　目打ちで突いて写してもよい。

ベルトつきデニムバッグ

45×20×20cm

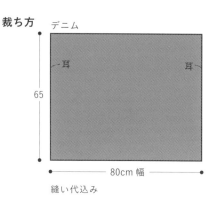

裁ち方
デニム

耳　　　　　耳

65

80cm 幅

縫い代込み

1

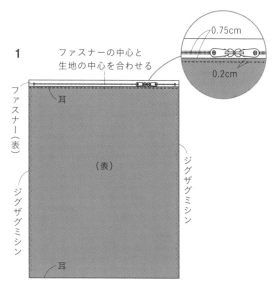

ファスナーの中心と
生地の中心を合わせる

0.75cm

0.2cm

ファスナー（表）

耳

ジグザグミシン

（表）

ジグザグミシン

耳

裁ち目にジグザグミシンをかけ、
耳部分をファスナーに重ねて縫う。

2

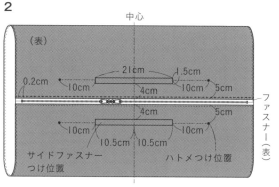

中心

（表）

0.2cm
10cm　21cm　1.5cm
4cm　10cm　5cm

4cm
10cm　5cm
10cm　10.5cm　10.5cm

サイドファスナー
つけ位置

ハトメつけ位置

ファスナー（表）

もう片方の耳もファスナーに重ねて縫い
本体を筒状にする。サイドファスナーと
ハトメつけ位置に印をつける。

3

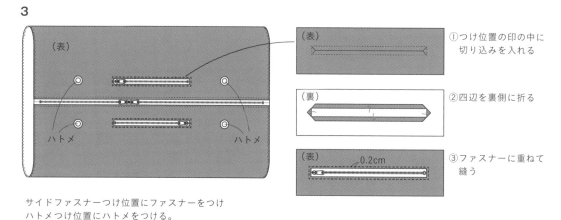

（表）

ハトメ　　　ハトメ

（表）
①つけ位置の印の中に
切り込みを入れる

（裏）
②四辺を裏側に折る

（表）0.2cm
③ファスナーに重ねて
縫う

サイドファスナーつけ位置にファスナーをつけ
ハトメつけ位置にハトメをつける。

4

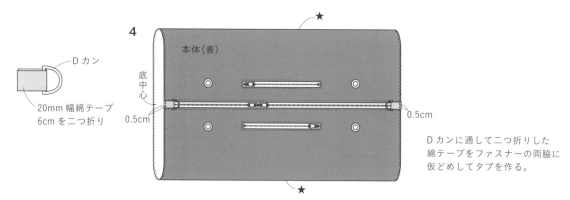

★

本体（表）

Dカン

底中心

0.5cm　　　　0.5cm

20mm幅綿テープ
6cmを二つ折り

★

Dカンに通して二つ折りした
綿テープをファスナーの両脇に
仮どめしてタブを作る。

【材料】
・デニム…80cm幅×65cm
・YKKメタリオンファスナー 60cm両開き／K
　…1本、20cm片開き／K…2本
・肩紐用厚手綿テープ 30mm幅…120cm
・タブ、ベルト、首輪用綿テープ 20mm幅…160cm

・角カン 20mm幅…1個
・コキカン 肩紐用30mm幅…1個 ベルト・首輪用20mm幅…2個
・Dカン タブ用30mm幅…2個
・ナスカン 肩紐用30mm幅…2個 ベルト用20mm幅…1個
・ハトメ #28…4組

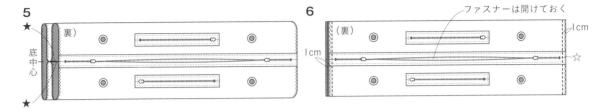

5

★
底中心
★

本体を裏返し、底中心で★を突き合わせて折りたたむ。

6

ファスナーは開けておく

（裏）

1cm

1cm

☆

両脇を縫い、ファスナー口から表に返す。

7

20mm幅ナスカン

三つ折り
（1cm→1.5cm）
して縫う

端を三つ折り（0.8cm→0.8cm）
して縫う

(a)20mm幅綿テープ
60cm

(b)20mm幅綿テープ
40cm

（表）

底中心に縫いつける

テープの端を
脇の縫い代☆に
はさんで縫いつける

20mm幅コキカン
に通し、三つ折り
（1.5cm→1cm）
して縫う

(a)首輪つきベルトの綿テープを脇の縫い代に縫いつけ、
(b)胴体用ベルトの綿テープを底中心に縫いつける。

8

20mm幅綿テープ
40cm

20mm幅角カン

20mm幅コキカン

7の(a)首輪つきベルトのナスカン
をつけてつなぐ

綿テープで首輪を作る。
（P.78 スリングと同様に作る）

[肩紐を作る]

①30mm幅コキカンに通し、中央をくるむように二つ折りして縫う。

②30mm幅ナスカンに通す。

端はジグザグミシン

3cm

30mm幅テープ（裏）

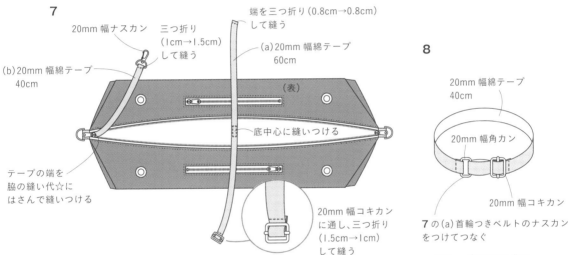

③コキカンに通す。

3cm

テープ（表）

端はジグザグミシン

④30mm幅ナスカンに通し、二つ折りして縫う。

P.40

帆布で作る保定袋

30×52cm

【材料】
・8号帆布…60×64.5cm
・YKKメタリオンファスナー 40cm／K…1本
・紐 直径0.4cm…80cm
・コードストッパー 2本通しタイプ／K…1個
・首輪用バックル 10mm幅…1組
・リボン 10mm幅…35cm
・面ファスナー 25mm幅…1.5cm

裁ち方

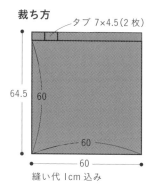

タブ 7×4.5(2枚)

64.5
60
60
60

縫い代 1cm 込み

[タブを作る]

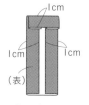

1cm
1cm　1cm
（表）

①タブ布の3辺を
裏側に折る。
（2枚同じ）

0.5cm
面ファスナー（ループ）
0.2cm
（表）

②1枚には、
面ファスナーを
縫いつける。

0.2cm
ジグザグミシン

③2枚を外表に
合わせて縫う。

[首輪を作る]

P.60 参照
（調整カンを使わずに、ジャストサイズで作る場合は、
猫のサイズに合わせる）

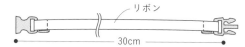

リボン
30cm

[本体を縫う]

1

本体(表)

両脇をジグザグミシンで
処理する。

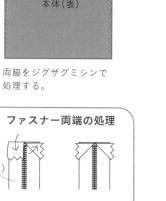

ファスナー両端の処理

（裏）

テープを裏側で三角に折る

2

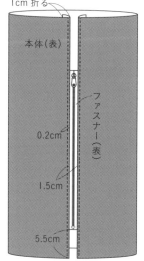

1cm 折る

本体(表)
0.2cm
1.5cm
5.5cm
ファスナー(表)

1 で処理した両脇を 1cm 折り
ファスナーを縫いつける。

3

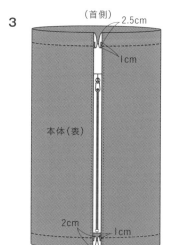

（首側）
2.5cm
1cm

本体(表)

2cm
1cm

（裾側）

首側と裾側を三つ折り
して縫う。

4

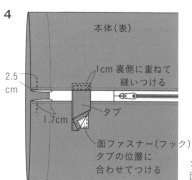

本体(表)

1cm 裏側に重ねて
縫いつける

2.5cm
1.7cm
タブ

面ファスナー(フック)
タブの位置に
合わせてつける

タブと
面ファスナーをつけ、
首輪通し口を縫う。

5

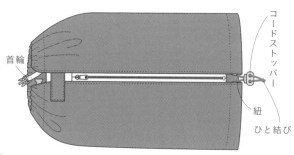

首輪

コードストッパー
紐
ひと結び

首輪と紐を通す。

p.47

まわしタイプの
おむつカバー

21×18cm

【材料】
・手ぬぐい 36×90cm…1枚
・平ゴム 4コール…30cm×2本
・面ファスナー 25mm幅…20cm

1

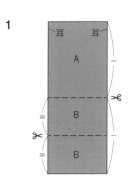

手ぬぐいの長さを
2等分して切り(A)、
片方をさらに2等分して
切る(B)。

2

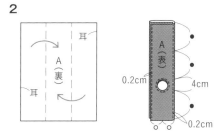

Aを三つ折りして、しっぽ穴を開け、
両脇としっぽ穴の周りを縫う(下図参照)。

3

ゴム通しを縫い
ゴムをそれぞれ通して
両端を縫いとめる。

4

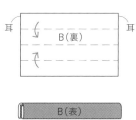

B2枚をそれぞれ
四つ折りする。

5

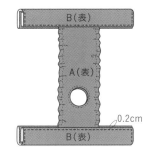

Aの両端をBではさんで
縫う。

6

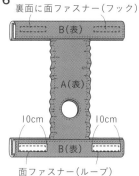

面ファスナーをつける。

しっぽ穴の開け方　a〜dの4タイプから使う素材や好みで選びましょう

a

切りっぱなし +
端ミシン

b

切りっぱなし +
ジグザグミシン

c

切りっぱなし +
ブランケットS

実物大型紙

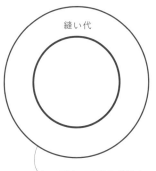

しっぽ穴　でき上がり4cm
(猫のサイズに合わせて)

d

縫い代つきの穴をあけ、縫い代に切り込みを入れて裏側に折り込み、周りを縫う

シンプル術後服／
胃ろうチューブ
収納ポケットつき術後服

各22×26cm

裁ち方

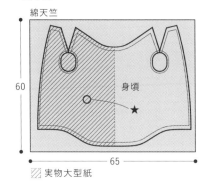

綿天竺

60

身頃

★

65

🔲 実物大型紙

【材料】

★は胃ろうチューブ収納ポケットつき服のみ
・綿天竺(Tシャツなどの伸縮性のある綿素材)
　…各65×60cm
・ゴムカタン糸(あるいは細いゴム)…各適宜
・★フェルト…15×20cm
・★面ファスナー　直径20mm…1組

●実物大型紙はP.100、101

★は胃ろうチューブ収納
ポケットつき服のみ

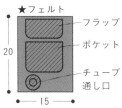

★フェルト

フラップ

ポケット

チューブ
通し口

20

15

[シンプル術後服(胃ろうチューブ収納ポケットつき服と共通)]

ロックミシンを使うと簡単です。
普通のミシンはニット用の針と糸を使いましょう。

1

0.7cm

身頃(裏)

肩を中表に合わせて縫い、裁ち目は2枚一緒に
ジグザグミシンをかける。

2

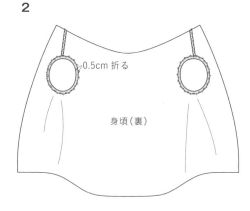

0.5cm 折る

身頃(裏)

袖ぐりを裏側に折り、ジグザグ
ミシンで端をぐるりと縫いとめる。

3

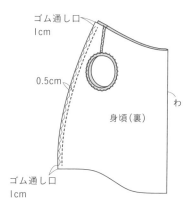

ゴム通し口
1cm

0.5cm

わ

身頃(裏)

ゴム通し口
1cm

腹中心を中表に合わせて縫い、
ゴム通し口を残して
裁ち目にジグザグミシンをかける。

4

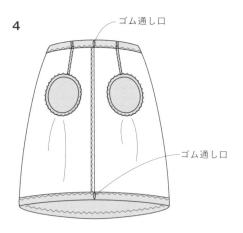

ゴム通し口

ゴム通し口

衿ぐりと裾を裏側に折って、ジグザグミシンで
端を縫い、ゴムカタン糸(あるいは細いゴム)を
それぞれ通す。
ゴムの長さは、実際に着せて調整する。

[胃ろうチューブ収納ポケットつき服] 術後服と同様に作り、チューブ通し口とポケットを作る。

1

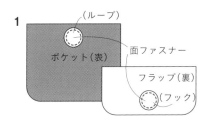

ポケットとフラップに面ファスナーを
縫いつける。

2

身頃の穴あけ位置をくり抜き、
裁ち端にほつれ止め液を塗る。

3

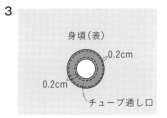

くり抜いた穴の周りにチューブ
通し口を縫いつける。

4

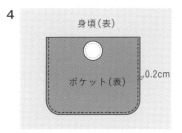

術後服のポケットつけ位置に、
ポケットを縫いつける。

5

フラップつけ位置に、フラップを
縫いつける。

実物大型紙

チューブ通し口

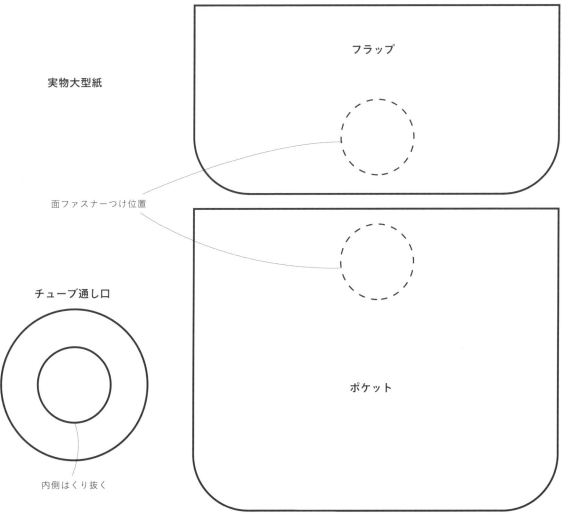

p.45

パンツタイプのおむつカバー
（サスペンダーつき）

22×22cm

裁ち方

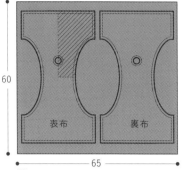

▨ 実物大型紙
縫い代 0.7cm 込み

1

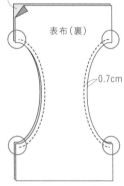

◯印の箇所は、端まで縫わず
　でき上がり線で縫い止める。

裏布（表）
表布（裏）
0.7cm

表布と裏布を中表に合わせ
足ぐり部分を縫う。

2

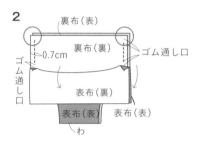

裏布（表）
裏布（裏）
ゴム通し口
0.7cm
ゴム通し口
表布（裏）
表布（表）
表布（表）
わ

表に返して足ぐり部分を二つに
折り、表布を下にめくって、裏布
の脇同士を中表に合わせ、ゴム
通し口を残して縫う。

3

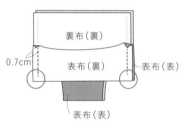

裏布（裏）
0.7cm
表布（裏）
表布（表）
表布（表）

そのまま裏布をよけて、表布同士も
中表に合わせて両脇を縫う（表布には
ゴム通し口は不要）。

4

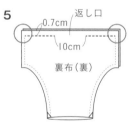

0.7cm
表布（裏）
★

②で表に返した足ぐり部分を
裏返し、内側に入っている裏布
2枚を内側によけて、表布だけ
を中表に合わせて縫う。

5

0.7cm
返し口
10cm
裏布（裏）

★から裏返し、④と同様に表布
をよけながら、裏布同士を中表
に合わせ、返し口を残して縫う。

6

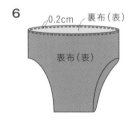

0.2cm
裏布（表）
表布（表）

返し口から表に返し、形を
整え、返し口をとじながら
ウエスト部分を縫う。

7

1cm
表布（表）
1cm

ウエストと足ぐりに
それぞれゴム通しを縫う。

8

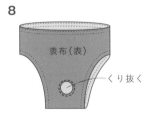

表布（表）
くり抜く

しっぽ穴をくり抜き
縫い代を処理する
（P.85参照）。

9

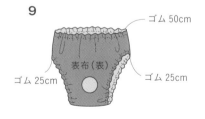

ゴム 50cm
表布（表）
ゴム 25cm
ゴム 25cm

ウエストと足ぐりに、裏布の
通し口からゴムを通して結ぶ。
ゴムの長さは、実際に着せて
調整する。

【材料】

パンツ
　・綿天竺（Tシャツなどの伸縮性のある綿素材）…65×60cm
　・平ゴム 4コール…100cm

サスペンダー
　・織ゴム 15mm幅…80cm
　・フィッシュクリップ 平テープ用 15mm／K…3個
　・エイトカン 15mm幅…4個

●パンツの実物大型紙はP.99

[サスペンダー]

①ゴムを A(55cm)I 本と、B(25cm)I 本に切り分ける。

②ゴム A(55cm)の片側に、エイトカンと
　フィッシュクリップをつける。
　（下図参照）

③ゴム A の反対側を
　エイトカンに通す。

④ゴム A の反対側に、エイトカンと
　フィッシュクリップをつける。
　（下図参照　③→②→①の順で）

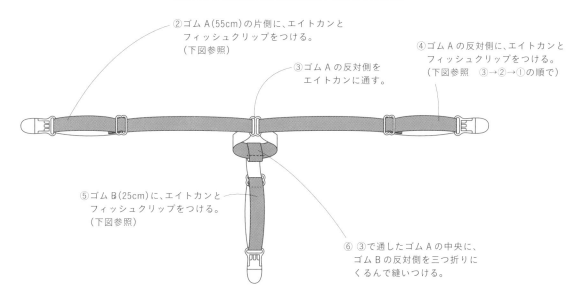

⑤ゴム B(25cm)に、エイトカンと
　フィッシュクリップをつける。
　（下図参照）

⑥ ③で通したゴム A の中央に、
　ゴム B の反対側を三つ折りに
　くるんで縫いつける。

エイトカンとフィッシュクリップのつけ方

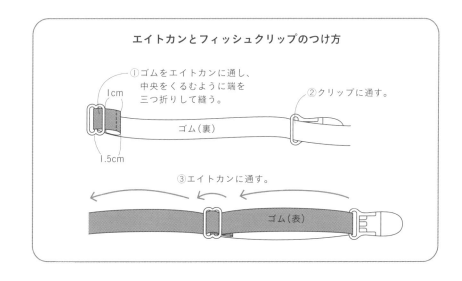

①ゴムをエイトカンに通し、
　中央をくるむように端を
　三つ折りして縫う。

1cm

1.5cm

②クリップに通す。

ゴム（裏）

③エイトカンに通す。

ゴム（表）

p.49

経鼻カテーテル収納ポケットつき首輪

幅4cm

【材料】
・薄手の木綿…本体用55×10cm ポケット用6×10cm
・平ゴム 4コール…30cm×2本

裁ち方

縫い代1cm込み

1

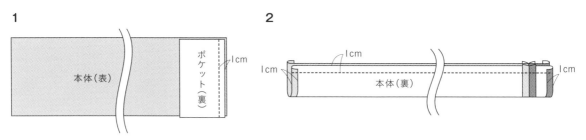

本体とポケット布を中表に合わせて縫い、
縫い代を割る。

2

短辺をでき上がりに折ってから、
中表に二つ折りして縫う。

3

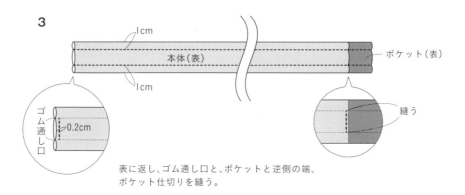

表に返し、ゴム通し口と、ポケットと逆側の端、
ポケット仕切りを縫う。

4

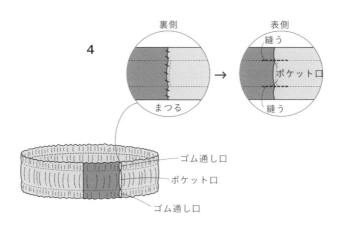

ゴム通しとポケット口を残して輪に
縫いつなぎ、ゴムを上下にそれぞれ
通して端をひと結びし、結び目を中に入れ込む。

p.49

経鼻カテーテル収納ポケットつき
エリザベス

幅8cm × 首周り25cm

【材料】
・フェルト2色…各35×25cm
・両面接着芯（蜘蛛の巣シート）…35×25cm
・面ファスナー（縫いつけタイプ）25mm幅…6cm

実物大型紙はP.102

裁ち方

フェルト

25

表面（1枚）

35

25

裏面（1枚）

▨ 実物大型紙

裁ち切り

1

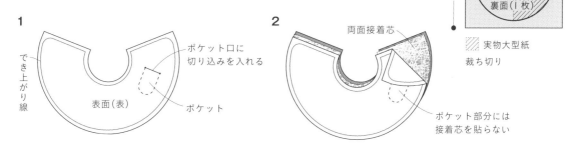

でき上がり線

表面（表）

ポケット

ポケット口に
切り込みを入れる

ポケット

型紙よりひとまわり大きめに
フェルト表面、裏面をそれぞれカットし
表面にはポケット口に切り込みを入れる。

2

両面接着芯

ポケット部分には
接着芯を貼らない

表面と裏面の間に同寸の両面接着芯をはさんで
アイロンで接着する。

3

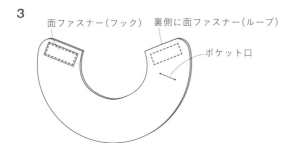

面ファスナー（フック）　裏側に面ファスナー（ループ）

ポケット口

型紙に合わせて裁ち直し、
面ファスナーを縫いつける。

実物大型紙

作り方 P.58…タンクトップリメイクの術後服

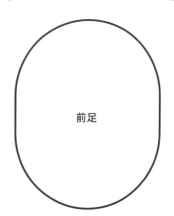

前足

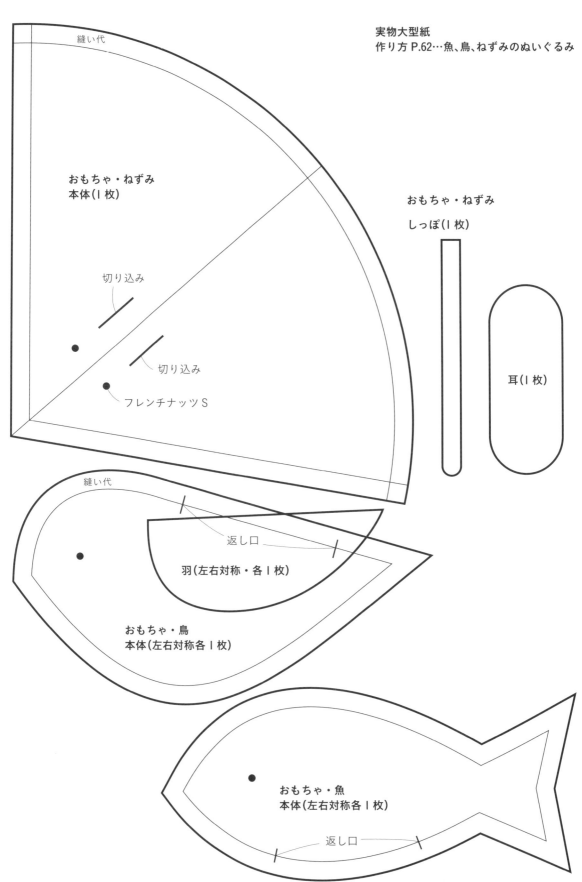

実物大型紙
作り方 P.62…魚、鳥、ねずみのぬいぐるみ

縫い代

おもちゃ・ねずみ
本体(1枚)

切り込み

切り込み

フレンチナッツ S

おもちゃ・ねずみ

しっぽ(1枚)

耳(1枚)

縫い代

返し口

羽(左右対称・各1枚)

おもちゃ・鳥
本体(左右対称各1枚)

おもちゃ・魚
本体(左右対称各1枚)

返し口

実物大型紙
作り方 P.63…けりぐるみ

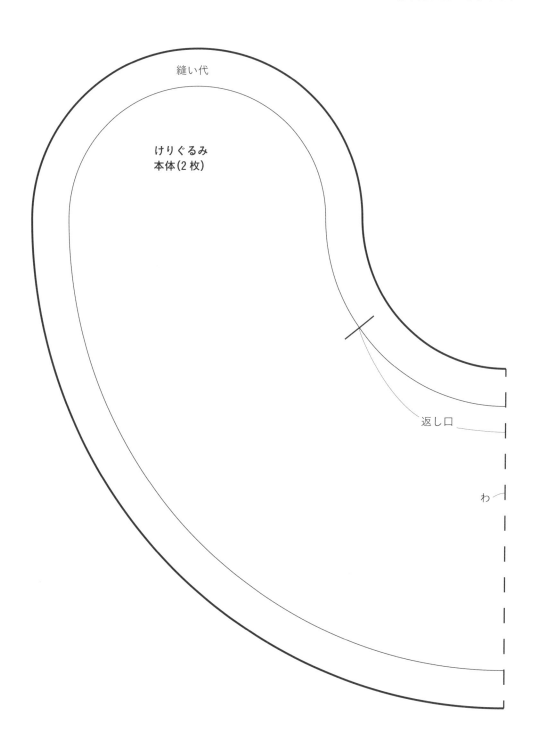

縫い代

けりぐるみ
本体(2枚)

返し口

わ

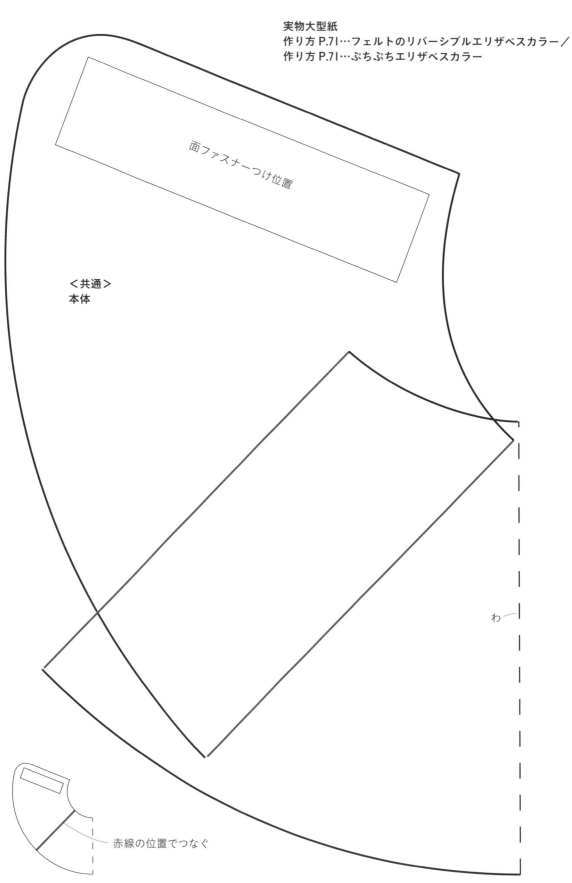

実物大型紙
作り方 P.71…フェルトのリバーシブルエリザベスカラー／
作り方 P.71…ぷちぷちエリザベスカラー

面ファスナーつけ位置

＜共通＞
本体

わ

赤線の位置でつなぐ

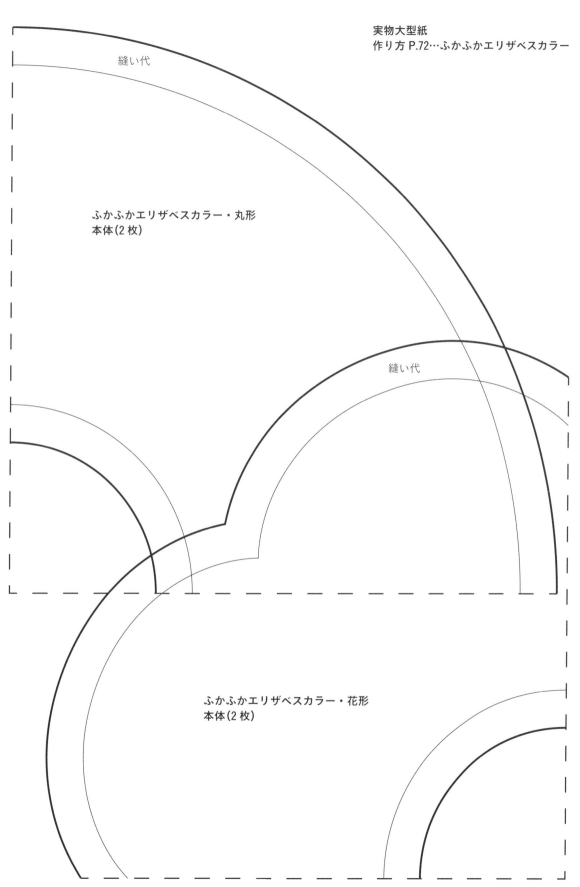

実物大型紙
作り方 P.72…ふかふかエリザベスカラー

縫い代

ふかふかエリザベスカラー・丸形
本体(2枚)

縫い代

ふかふかエリザベスカラー・花形
本体(2枚)

95

実物大型紙
作り方 P.74…ラミネートの丸いスタイ

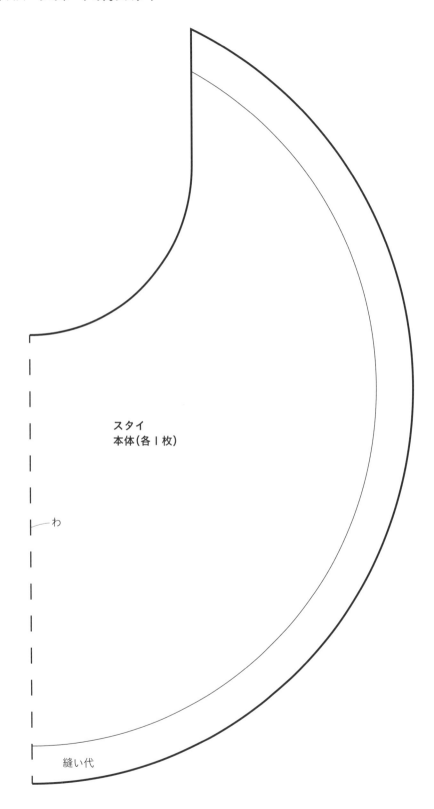

スタイ
本体(各 I 枚)

わ

縫い代

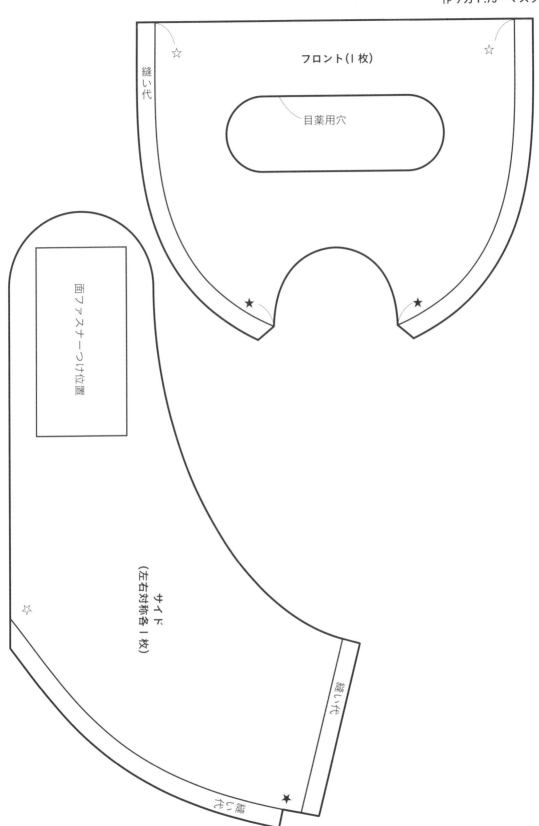

フロント(1枚)

目薬用穴

縫い代

面ファスナーつけ位置

サイド
(左右対称各1枚)

縫い代

縫い代

縫い代

実物大型紙
作り方 P.67…ハンガーと T シャツのテント／作り方 P.78…首輪つきスリング
作り方 P.80…サークルベッドになるリバーシブルバッグ

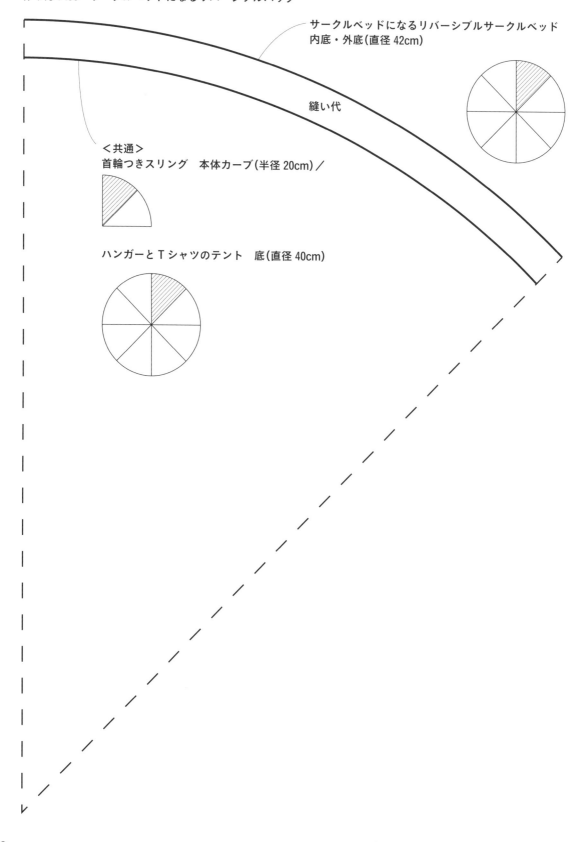

サークルベッドになるリバーシブルサークルベッド
内底・外底(直径 42cm)

縫い代

＜共通＞
首輪つきスリング　本体カーブ(半径 20cm)／

ハンガーと T シャツのテント　底(直径 40cm)

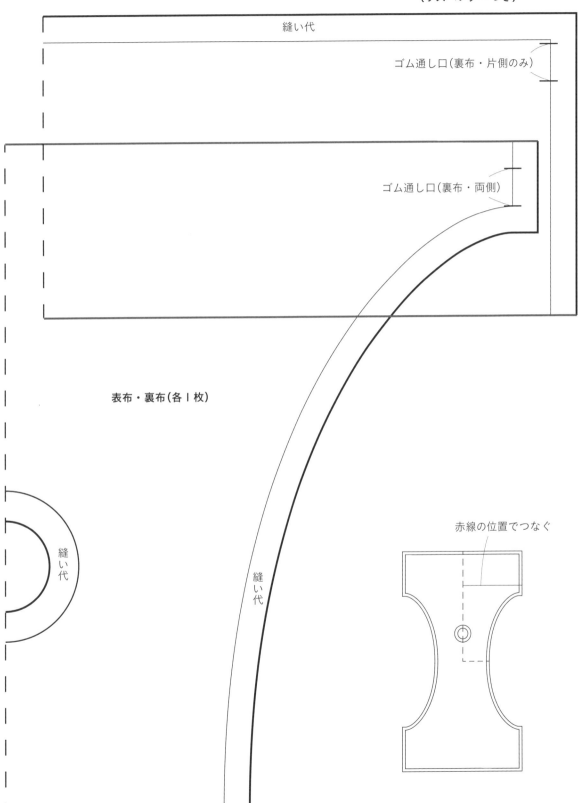

縫い代

ゴム通し口（裏布・片側のみ）

ゴム通し口（裏布・両側）

表布・裏布（各 I 枚）

縫い代

縫い代

赤線の位置でつなぐ

実物大型紙
作り方 P.86…シンプル術後服／胃ろうチューブ収納ポケットつき術後服

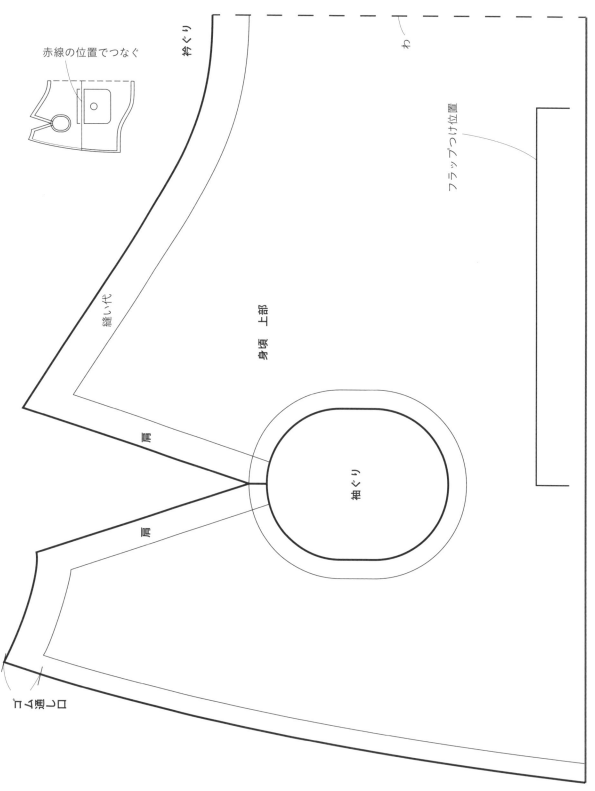

赤線の位置でつなぐ

衿ぐり

わ

フラップつけ位置

縫い代

身頃 上部

肩

肩

袖ぐり

ゴム通し口

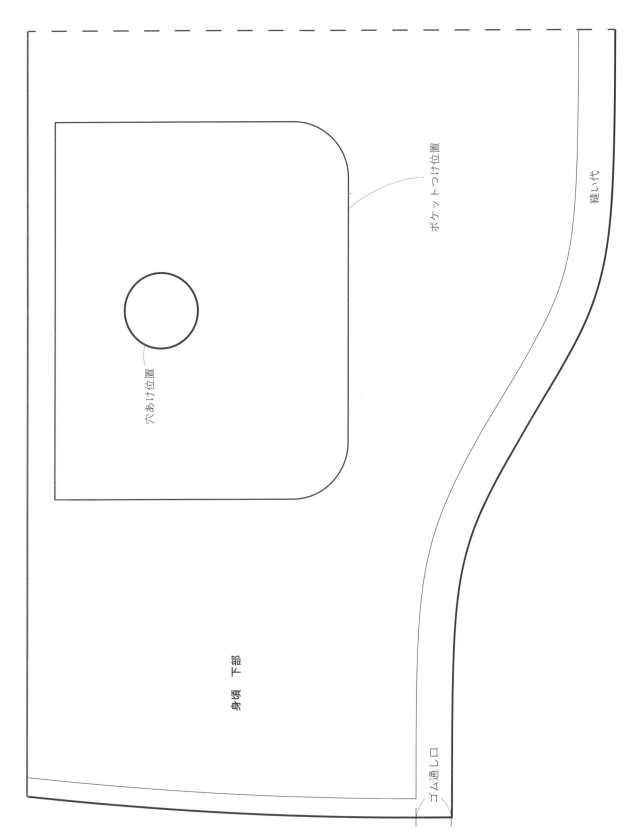

身頃　下部

穴あけ位置

ポケットつけ位置

縫い代

ゴム通し口

実物大型紙
作り方 P.91…経鼻カテーテル収納ポケットつきエリザベス

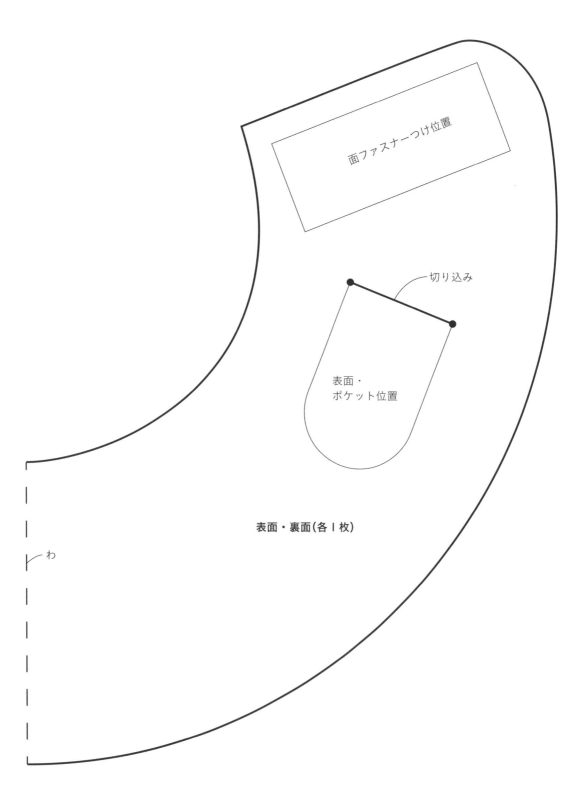

面ファスナーつけ位置

切り込み

表面・
ポケット位置

表面・裏面(各1枚)

わ

[フレンチナッツステッチの仕方]

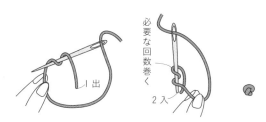

[ブランケットステッチの仕方]

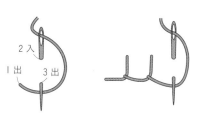

[くさり編みの仕方]

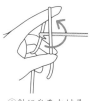

①針に糸をかける

②再び糸をかけて
引き出す

左手で押さえる

③最初の目を作る
※この目は作り目の
数に含めない

糸端を引き
締める

④糸をかける

⑤糸を引き出し
くさり1目を編む

必要な目数編む

1目め

【素材提供】

清原株式会社

〒541-8506 大阪府大阪市中央区南久宝寺町4-5-2

TEL：06-6252-4371（代）

https://www.kiyohara.co.jp/store

ハマナカ株式会社

〒616-8585 京都府京都市右京区花園薮ノ下町2-3

TEL：075-463-5151（代）

http://hamanaka.co.jp

越膳夕香（こしぜんゆか）

北海道旭川市出身。雑誌編集者を経て作家に。布小物、ニット小物、革小物などの作品を手芸書に発表する傍ら、フリースタイル手芸教室「xixiang手芸倶楽部」を主宰。ヴォーグ学園東京校ほか、各所でのワークショップを通じて、暮らしの中で使えるものを自分仕様で作る楽しさを伝えている。著書に、『がまぐちの本』（河出書房新社）、『今日作って、明日使える 手縫いの革小物』（マイナビ出版）、『バッグの型紙の本』『がまぐちの型紙の本』『ファスナーポーチの型紙の本』（以上、日本ヴォーグ社）など。

【撮影協力】
猫宿 ペンション アトカ
〒294-0223 千葉県館山市洲宮768-76
TEL・FAX：0470-29-5977
pensionatca.com

猫と暮らす手づくり帖
おもちゃ・キャリー・ケアグッズ

2021年5月10日 初版第1刷発行

著　者　越膳夕香
発行者　澤井聖一
発行所　株式会社エクスナレッジ
　　　　〒106-0032　東京都港区六本木7-2-26
　　　　https://www.xknowledge.co.jp/

問合わせ先
【編　集】TEL：03-3403-6796　FAX：03-3403-0582
　　　　　info@xknowledge.co.jp
【販　売】TEL：03-3403-1321　FAX：03-3403-1829